乡村特色农业实用技术丛书

葱姜蒜栽培与病虫害防治技术

◎ 王兴翠　杨文霞　张敬敏　彭佃亮　主编

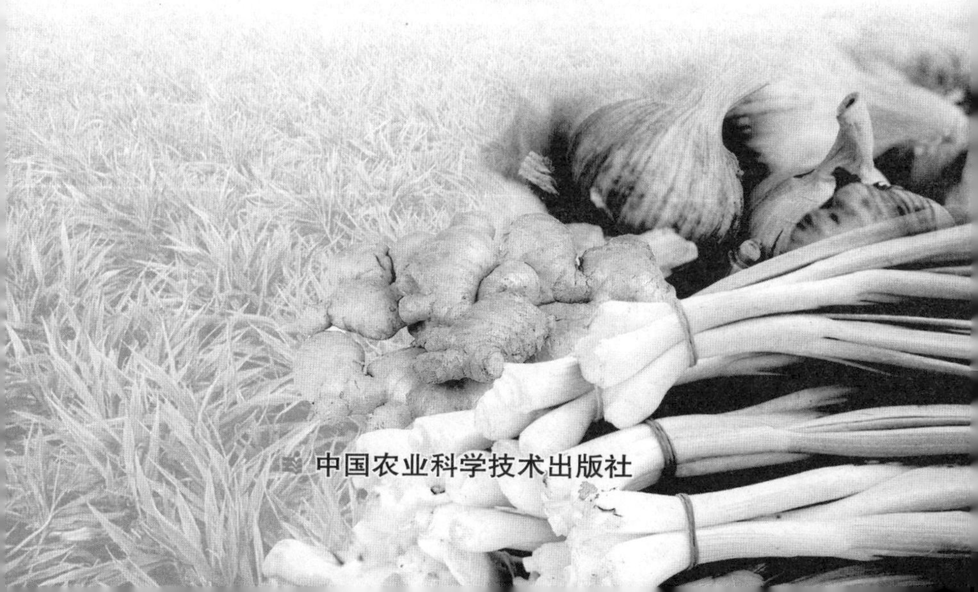

中国农业科学技术出版社

图书在版编目（CIP）数据

葱姜蒜栽培与病虫害防治技术 / 王兴翠等主编. —北京：中国农业科学技术出版社，2021. 1（2023.3重印）

（乡村特色农业实用技术丛书）

ISBN 978-7-5116-4884-6

Ⅰ. ①葱…　Ⅱ. ①王…　Ⅲ. ①葱-蔬菜园艺②姜-蔬菜园艺③大蒜-蔬菜园艺④葱-病虫害防治⑤姜-病虫害防治⑥大蒜-病虫害防治　Ⅳ. ①S63②S436. 3

中国版本图书馆 CIP 数据核字（2020）第 131244 号

责任编辑　陶　莲
责任校对　贾海霞

出 版 者　中国农业科学技术出版社
北京市中关村南大街 12 号　邮编：100081
电　　话　（010）82106625（编辑室）　（010）82109704（发行部）
（010）82109709（读者服务部）
传　　真　（010）82106625
网　　址　http://www.castp.cn
经 销 者　各地新华书店
印 刷 者　北京中科印刷有限公司
开　　本　880mm×1 230mm　1/32
印　　张　3
字　　数　72 千字
版　　次　2021 年 1 月第 1 版　2023 年 3 月第 6 次印刷
定　　价　19. 80 元

前言
PREFACE

葱、姜、蒜是深受人们喜爱的调味品蔬菜，营养丰富，同时具有较高的药用保健价值，因此，越来越受到国内外消费者的青睐。三者在我国均被广泛栽培，为我国的传统特色蔬菜，相关产业在蔬菜产业发展中占有非常的重要地位，具有广阔的市场空间和发展潜力。随着人们生活水平的不断提高，以及发达国家蔬菜生产的弱化和进口的增加，葱、姜、蒜产品的需求量将不断增长，种植效益也会越来越高。但由于葱、姜、蒜品种更新较慢，病虫害不断加重，以及不合理施肥、用药等因素，导致产品安全水平降低，影响了葱、姜、蒜市场的竞争力。

为了帮助农民朋友更好地了解葱、姜、蒜的生长习性，并根据这些生长特点加以种植管理，掌握葱、姜、蒜的栽培技术要点和病虫害防治技术，从而实现优质稳产、增收增效的愿望，我们在广泛查阅、参考有关文献资料的基础上，结合多年的实践经验，本着科学实用、通俗易懂、简单明了的原则，编写了《葱姜蒜栽培与病虫害防治技术》一书，供广大葱农、姜农、蒜农阅读参考，以期为葱、姜、蒜安全、优质、高产提供一定的技术支持，对提质增效、增加农民收入贡献微薄之力。

由于编者水平有限，经验不足，书中不足和错误在所难免，敬请广大读者给予指正。

编　者

2020 年 5 月

目录
CONTENTS

第一章　葱 …………………………………………………… (1)
　第一节　概　述 …………………………………………… (1)
　　一、葱的起源与分布现状 ……………………………… (1)
　　二、葱的营养价值与药用价值 ………………………… (2)
　　三、我国葱产业中存在的问题 ………………………… (3)
　第二节　葱的类型及优良品种 …………………………… (4)
　　一、葱的类型 …………………………………………… (4)
　　二、葱的优良品种 ……………………………………… (6)
　第三节　大葱生物学特性 ………………………………… (8)
　　一、大葱的植物学特征 ………………………………… (8)
　　二、大葱的生育周期 …………………………………… (10)
　　三、大葱对环境条件的要求 …………………………… (12)
　第四节　优质高产栽培技术 ……………………………… (14)
　　一、大葱露地高效栽培技术 …………………………… (14)
　　二、保护地大葱栽培技术 ……………………………… (19)
　　三、分葱栽培技术 ……………………………………… (21)
　第五节　病虫草害防治 …………………………………… (23)
　　一、大葱病害防治 ……………………………………… (23)
　　二、大葱虫害防治 ……………………………………… (26)
　　三、大葱草害及防除 …………………………………… (28)
第二章　姜 …………………………………………………… (29)
　第一节　生姜概述 ………………………………………… (29)
　　一、生姜起源分布及种类 ……………………………… (29)
　　二、发展生姜产业的意义 ……………………………… (30)
　第二节　生姜的生物学特性 ……………………………… (31)
　　一、生姜的植物学特征 ………………………………… (31)
　　二、生姜的生长周期 …………………………………… (32)
　　三、生姜对环境条件的要求 …………………………… (34)

第三节　生姜栽培技术……………………………………………（38）
一、选地、整地………………………………………………（38）
二、培育壮芽、合理播种……………………………………（39）
三、田间管理…………………………………………………（41）
第四节　生姜主要病虫害及防治………………………………（45）
一、生姜病害…………………………………………………（45）
二、生姜虫害…………………………………………………（51）
第五节　生姜收获与贮藏………………………………………（54）
一、收获………………………………………………………（54）
二、贮藏………………………………………………………（55）
第三章　大蒜……………………………………………………（57）
第一节　概　述…………………………………………………（57）
一、大蒜的起源及我国种植情况……………………………（57）
二、大蒜的营养及药用价值…………………………………（58）
第二节　大蒜的生物学特性……………………………………（61）
一、植物学特征………………………………………………（61）
二、大蒜的生育周期…………………………………………（63）
三、大蒜对环境条件的要求…………………………………（66）
第三节　大蒜类型及主要的栽培品种…………………………（68）
一、紫皮蒜……………………………………………………（68）
二、白皮蒜……………………………………………………（70）
第四节　大蒜栽培制度及栽培技术……………………………（71）
一、大蒜栽培制度……………………………………………（71）
二、大蒜高产栽培技术………………………………………（73）
三、青蒜（蒜苗）高产栽培技术　…………………………（77）
第五节　大蒜主要病虫害及防治措施…………………………（79）
一、大蒜主要病害及防治措施………………………………（79）
二、大蒜主要虫害及防治措施………………………………（82）
第六节　大蒜生产中常见问题…………………………………（84）
一、二次生长…………………………………………………（84）
二、洋葱型大蒜………………………………………………（85）
三、管叶………………………………………………………（86）
主要参考文献……………………………………………………（88）

第一章 葱

第一节 概 述

一、葱的起源与分布现状

葱（*Allium fistulosum* L.）起源于西伯利亚、中国西北和东北及中亚等半寒地带，喜冷凉不耐炎热，为百合科葱属二年生或多年生草本植物，是以叶鞘组成的肥大假茎和嫩叶为产品的一个栽培种。由野生葱在中国经驯化选育而来，后经朝鲜、日本传至欧洲，现于我国各地广泛栽培，是我国重要的香辛、保健蔬菜。据史料记载，大葱栽培在中国已有3 000多年的历史。早在公元前681年，中国就有栽培葱的报道，《管子》一书中记载："齐桓公五年北伐，山戎出冬葱与戎菽，布子天下。"《中国蔬菜品种志》将葱分为三个变种：大葱、分葱和楼葱。由于其适应性强，栽培地域广，同时也形成了大量的地方品种。

我国是大葱栽培的主要国家，在中国分布非常广泛，主产区位于淮河秦岭以北的广大地区，涵盖中国的华北平原、东北平原、西北黄土高原等区域。华北平原大葱种植区包括山东、河北、河南三省和北京、天津两市，是中国大葱的发源地和第一大主产区。东北平原大葱种植区包括辽宁、吉林、黑龙江三省和内蒙古自治区（以下简称内蒙古，全书同）东部地区，该区域是中国大葱的第二大主产区。西北黄土高原大葱种植区涵盖西北黄土高原、内蒙古高原和新疆维吾尔自治区（以下简称新疆，全书同）盆地等，该区域是中国大葱的第三大主产区。长江以南地区多以小葱栽培为主。日本、朝鲜、韩国等国家也有一定面积的大葱栽培。欧洲、美洲大葱栽培面积较小，供应与消费量也不多。

二、葱的营养价值与药用价值

（一）营养价值

大葱以叶身和假茎为产品，营养丰富，含有丰富的糖类、脂肪、蛋白质、胡萝卜素、维生素以及钙、镁、铁等各种矿物质；另外，大葱含有挥发油，油中主要成分为挥发性的硫化丙烯，俗称蒜素，又含有二烯内基硫醚、草酸钙。葱叶部分要比葱白部分含有更多的维生素 A、维生素 C 及钙，葱含有具有刺激性气味的挥发油和辣素，能祛除腥膻等油腻厚味菜肴中的异味，产生特殊香气，并有较强的杀菌作用。大葱可以促进食欲，与维生素 B_1 含量较多的食物一起摄取时，所含的淀粉及糖质会变为热量，有消除疲劳的作用。

（二）药用价值

葱具有利肺通阳、发汗解表、通乳止血、定痛疗伤的功效，用于痢疾、腹疼痛、关节炎、便秘等症。葱有一种独特的香辣味，来源于挥发硫化物——葱素，能刺激唾液和胃液分泌，增进食欲。葱所含的苹果酸和磷酸糖能兴奋神经，改善促进血液循环，解表清热。常吃葱可减少胆固醇在血管壁上的堆积。《本草纲目》记载，葱之茎白、根须、叶、汁、花均可入药，对大葱不同部位的性味和治病作用进行了详细阐述，记有 54 个药方，可治 10 余种疾病。

葱白：味辛，性平，无毒。煮汤，可治伤寒的寒热，消除中风后面部和眼睛浮肿。药性入手太阴肺经，能发汗；又入足阳明胃经，可治伤寒骨肉疼痛、咽喉麻痹肿痛不通，并可以安胎。可清睛明目，除肝脏中的邪气，通例中焦，调五脏，解各种药物的药毒，通大小肠，治疗腹泻引起的抽筋，以及心腹绞痛、心烦焖等。另可通关节，治鼻孔流血。能达表和里，去除风湿，治全身疼痛麻木，胆道蛔虫，虚脱、腹痛难忍及小孩肠绞痛，妇女妊娠期便血，还可以促使乳汁分泌，消散乳腺炎症和耳鸣症状。

注意：生葱不能同蜂蜜一起吃，多食则对人体有害，造成神志不清昏迷。

葱叶：煨烂研碎，敷在外伤化脓的部位，加盐研成细末，敷在被毒蛇、毒虫咬伤的部位，有除毒的作用。还可以治疗下脚水肿，利于滋养五脏、益精明目、发散黄疸病。

葱汁：味辛，性温，滑，无毒。喝葱汁可治便血，可解藜芦和桂皮之毒。又可以散淤血、止流血、疼痛及头痛耳聋。

葱花：主治心脾如刀割般的疼痛，同吴茱萸一起煎水服有效。

葱籽：味辛，性大温，无毒。可使眼睛明亮，补中气不足，温中益精，养肺，养发。

葱根（须）：主通气，治饮食过饱，治血渗入大肠、大便带血、痢疾和痔疮。将葱须研成末，每次服 10 克，用温酒送下。

三、我国葱产业中存在的问题

（一）安全生产技术相对落后，产品安全问题较为突出

我国葱安全生产主要采取无公害栽培技术，但目前大葱无公害绿色栽培技术规程还不够系统和完善，基地建设有待进一步加强和

完善。加强质量安全管理，进一步完善出口大葱的检验检测和安全监测体系，是提高出口大葱竞争力的有效手段。

（二）产后处理与加工技术落后，附加值低，产品出口竞争力不强

我国大葱加工技术研究与产业化开发较其他蔬菜作物相对落后，不能满足大葱产业发展的要求。在产品方面表现为粗加工产品（分级、装箱）多，深加工产品（脱水、速冻、葱油、葱粉）、适宜国外消费的产品少；不能满足方便、安全、健康等消费要求。在加工技术方面，现有的一些产品原料利用率低，甚至造成严重的环境污染，同时大葱加工业远未跟上当前市场的变化。

（三）大葱育种技术落后，适合加工出口的品种较少

目前，我国大葱生产上仍以优良地方品种的提纯复壮材料为主，培育出的新品种较少，加工出口的专用品种多依赖从韩国、日本等国家进口。

（四）大葱标准化生产水平较低

我国大葱生产仍以传统的栽培管理方式为主，标准化、安全化生产技术普及率较低，大葱栽培技术、安全生产标准等有待进一步制定和完善，标准化安全生产体系有待建立。

第二节　葱的类型及优良品种

一、葱的类型

大葱的类型有普通大葱、分葱、胡葱、韭葱和楼葱五大类型。

（一）普通大葱

植株高大，分蘖力较弱；可开花结实，用种子繁殖。品种多，栽培面积广，依据假茎（葱白）形态和分蘖性可分为 4 个类型，即长葱白型、短葱白型、鸡腿型和分蘖型。

（二）分葱

辣味较淡，嫩叶为主要食用器官。其植株矮小，假茎短而细，分蘖性强，每个分蘖长出 3~4 片叶即开始分蘖，单株每年形成 20~80 个分蘖。不抽薹，不开花，有少数分株抽薹而不结实，靠单株繁殖。

（三）楼葱

分蘖性、抗逆性强，假茎短。分蘖成株后，呈为 3 层小葱株。休眠期短，可随时采收，随收移栽。花器不健全，无结实能力，主要靠分株移栽。

（四）胡葱

又叫火葱、蒜头葱。主要特点是下部大，上部细。分蘖性强，植株晚春开花，但不易结籽，主要靠鳞茎繁殖；1 个鳞茎可繁殖10~20 个子鳞茎。

（五）韭葱

别名扁葱、扁叶葱。韭葱耐热、耐寒性较好，生长势强，产量高，病害极少。叶片长带形，有蜡粉，宽 5 厘米，长 50 厘米左右。伞形花序，每序有小花 800~3 000 朵，抽生的花薹断面为圆形实心。春季育苗，夏季定植，初冬收获。适宜生长的温度为白天 18~22℃，夜间 12~13℃，可忍受 38℃的高温和−10℃的低温。

二、葱的优良品种

我国北方和中原主要种植分蘖性弱的普通大葱，品种主要以山东章丘大葱为主，南方主要种植植株矮小，分蘖力强的类型品种。

（一）章丘大葱

章丘大葱株高120厘米左右，葱白长50~60厘米，横径3~5厘米，单株重0.5~1千克，不易抽薹和分蘖，葱白肥大，洁白柔软，味道鲜美，生熟食均可，有2个品系。

梧桐葱：叶色较淡，管状叶细长，叶间拔节较长，排列稀疏，植株高大，抗风力弱，品质甘美脆嫩。

气煞风：叶色深绿，管状叶粗短，排列较密，植株粗壮稍矮，抗风力强，稍有辛辣。

（二）白树

生长旺盛，增产潜力大，耐寒性强，兼有耐热、抗病性，栽培容易，最适秋冬收获。葱白紧实，肉质致密，纤维细，风味佳，商品性高。

（三）九条太

耐寒性强，不易抽薹，多作为冬葱利用。株高60厘米左右，3~4个分蘖，叶色浓，肉厚，富含香气，品质佳。软白部较长，为葱白、葱叶兼用品种。

（四）隆尧鸡腿葱

河北省隆尧县地方优良品种。株高80~100厘米，直立不分蘖，葱白长20~25厘米，葱白上细下粗呈鸡腿状，葱白直径5~8厘米，单株重 0.4~0.5 千克。叶形短粗管状，叶色深绿，叶面蜡粉较少。葱白洁白，品质高。亩（1 亩≈667 平方米，全书同）产可达5 000千克以上。适应性强，生长旺盛，耐贮性好。

（五）莱芜鸡腿葱

山东省莱芜市农家品种。株高 100 厘米，葱白长 20~25 厘米。叶数 5 个，叶形粗管状，叶色绿，叶面蜡粉中等，葱白淡绿色。单株重 150~200 克。风味辛辣，香味浓，耐贮藏，适宜熟食。生长势较强，亩产鲜葱3 000~4 000千克。

（六）小春

耐寒性强，叶生长旺盛，叶直立、色浓绿，柔软有香气，作为小葱、中葱商品性最佳。分蘖多，增产潜力大。抗病性强，特别是对霜霉病抗性强。

（七）细香葱

主要有中国细香葱和从日本引进的寿美香葱。中国细香葱在我国长江以南各省有少量栽培，形态与分葱相似，但叶和假茎都较分葱更细，管状叶粗度一般不超过 0.5 厘米，假茎粗度一般不超过 0.6 厘米。对土壤适应性广，耐寒耐肥，但耐热和耐旱性较弱。质地柔嫩，香味较浓，辣味较淡，品质好。

（八）分葱

其品种不多，主要有中国分葱和从日本引进的浅黄系九条葱。中国分葱在我国长江流域各地都有种植，其叶细长管形，先端尖，长 30~40 厘米，假茎白色，较短，株高不超过 40~50 厘米。分蘖力强，每个分株长出 3~4 叶时即行分蘖，一般每年形成 20~30 个分蘖，在南方周年常绿，随时可以采收。但冬季寒冷和夏季炎热时，植株生长停滞，枯叶增加。

第三节　大葱生物学特性

一、大葱的植物学特征

（一）根

大葱的根为白色弦线状须根，着生在短缩茎上，发根能力强，可随茎的伸长而陆续发出新根，根数可达50~100条，长度可达45厘米，直径1~2毫米，主要根群分布在30厘米土层范围内。大葱的根有向气性，随着叶片数增多和培土加高，大葱的根系不是向深处延伸，而是沿水平方向甚至向上伸展。大葱根的分枝性差，根毛少，吸水吸肥能力弱，要求土壤疏松肥沃。大葱根系怕涝，如果土壤湿度大，再加上高温条件，根系极易坏死，所以浇水一般不宜太多。

（二）茎

大葱在营养生长期，其茎为地下茎，短缩为圆锥形，先端为生长点，黄白色，叶片呈同心圆状着生在地下茎上。大葱的茎具有顶端优势，分蘖少。随着植株生长，短缩茎稍有延长。通过春化以后，停止分化叶芽，开始分化花芽，逐步抽薹开花。大葱抽薹后，生长点受到损伤，在内层的叶鞘基部可萌生1~2个侧芽，并发育成新的植株。

（三）叶

大葱的叶1/2叶序着生于茎盘上，包括叶身和叶鞘两部分，叶身管状，表面有蜡层、中空，叶的中空部分是由于海绵组织的薄壁细胞崩溃所致，幼嫩的葱叶并不中空。在葱叶的下表皮及其绿色细胞中间充满油脂状黏液，能分泌辛辣的气味。大葱的假茎是由多层叶鞘环抱而成，中间为生长锥，叶片在生长锥的两侧按照互生的顺序相继发生。葱叶的分化也有一定的顺序性，内叶的分化和生长均以外叶为基础，并从相邻外叶的出叶孔穿叶鞘。外叶分化早，叶龄长，叶鞘短。随着新叶的出现，老叶不断干枯，外层叶鞘逐渐干缩呈膜状。大葱一生中发生叶片数最多的达 30 片以上，少的不足 10 片。一片葱叶从开始长出叶鞘到叶身衰老枯死需要经过 40~50 天。

多层叶鞘抱合而成的假茎为葱白。假茎的高矮、粗细和形态，与品种特性有关，有圆柱状和鸡腿形等。进入葱白形成期后，叶片中的养分逐渐向叶鞘中转移，并贮存于叶鞘之中。叶鞘是大葱的营养贮藏器官，有贮藏养分和水分的功能。大葱的产量主要决定于假茎的长度和粗度，而假茎的生长又受发叶速度、叶数多少和叶面积大小的影响。其内因取决于品种特性和是否发生先期抽薹；其外因则受小气候温度、水分、光照、土肥水平等因素的影响。叶数越多，假茎生长就越高越粗；而且叶身生长越壮，叶鞘越肥厚，假茎就越粗大。假茎的高度随培土层的加厚而逐步增高。通过分期培土，为假茎的生长创造黑暗、湿润的条件，可促进叶鞘的延伸，使假茎伸长，同时也可使其软化提高品质。

（四）花

大葱茎盘的顶芽在完成阶段发育以后，伸长为花薹。花茎绿色，具有同化功能。大葱花茎的粗度和高度因品种特性和营养状况而异。花茎呈中空圆柱形，先端着生伞形花序，圆球形，每个花序有 500 朵左右的小花，色泽白色或紫红色。小花的外面，由花序的总苞包被，先后开花，开花时，总苞破裂。大葱的花为两性花，异花授粉，属于虫媒花，采种应注意隔离。

（五）果实与种子

大葱的果实为蒴果，成熟后开裂，种子较易脱落。种子呈盾形，具6棱，稍扁平，种皮黑色，坚硬、不易透水，表面有不规则的皱纹，脐部凹陷，千粒重2.4~3.4克，种子寿命一般贮藏条件下仅1~2年，生产上选用当年新籽作种，若采用低温干燥贮存，葱种寿命也可延长到10年以上。与其他蔬菜相比，其种子贮藏养分较少。

二、大葱的生育周期

大葱为两年生耐寒性蔬菜，整个生育周期一般可分为2个时期：即营养生长期和生殖生长期。春播通过1个冬天，需15~16个月；秋播要通过2个冬天，需21~22个月，到第三年才抽薹开花结籽。为提高商品葱的产量和品质，大葱一般都进行秋播，翌年收商品葱，第三年收籽。根据不同生长时期的特点又可分为以下5个阶段。

（一）发芽期

即从播种到第一片真叶出现。此期主要依靠种胚贮藏的养分生长。发芽条件适宜时，种子吸水致种胚萌动，胚根伸入土中，子叶伸长，腰部拱出土面。而后子叶尖端长出地表并伸直，再从出叶孔长出第一片真叶，此期9~15天。栽培上需保持土壤湿润，保证幼苗顺利出土。

（二）幼苗期

大葱从出现第一片真叶到定植称为幼苗期。秋播时大葱的幼苗期很长，可达240天以上。从第一片真叶出现到越冬，历时40~50天，为幼苗生长前期。此期气温较低，植株生长量小，要防止幼苗徒长，导致感受低温春化引起先期抽薹；同时，幼苗徒长也会降低越冬能力。幼苗长到两叶一心可安全越冬，翌年也不会抽薹。越冬到第二年返青为幼苗休眠期，此期幼苗生长极其微弱，要注意防寒保墒。冬前浇足冻水，必要时在畦后面加风障，以保证幼苗安全越冬。翌年日平均气温达7℃以上开始返青，大葱从返青到定植幼苗生长旺盛，此期须及时浇返青水，施提苗肥；日平均气温13℃以上进入旺盛生长期，为壮苗培育的关键期，随时间苗、除草，确保幼苗茁壮生长。春播葱的幼苗期80~90天，出土后很快进入旺盛生长期。

（三）葱白形成期

大葱定植后，缓苗期约需10天，然后即进入葱白形成期。此时正逢雨季，高温高湿，土壤通气不良，容易导致烂根、黄叶和死苗，应加强中耕。植株在高温下生长缓慢，叶片寿命较短，每株功能叶仅2~3片。缓苗越夏期约需60天。进入秋季以后，温度降低，气候凉爽，开始旺盛生长。白露前后是大葱最适宜的生长时节，这时大葱叶片寿命长，每株增至6~8片功能叶，而且叶片依次增大，制造的养分贮存于假茎中使其迅速伸长和增粗。大葱的最终高度和重量，主要在这一时期形成，因此该时期为水肥管理关键期。故应分期培土，结合浇水追施速效化肥，促进植株的生长，并使叶片的营养物质向下运送，加速葱白的形成。当日平均气温降到4~5℃或遇霜冻时，大葱叶身停止生长，叶身和外层叶鞘的养分向内层叶鞘转移，充实假茎，使大葱的品质提高，然后大葱进入收获季节。

（四）休眠期

大葱在收获后，低温使其被迫进入休眠状态，通过春化阶段，直至第二年萌发新叶、抽薹开花为止。此时期一般历时3个月以上。

（五）开花结籽期

大葱收获后，在贮藏期间低温春化作用形成花芽。第二年春季，在长日照条件和较高的外界温度下抽薹、开花，并形成种子。大葱花薹有较强的光合作用能力，光合强度高于同株叶片 4 倍，对种子产量有很大影响。同一花序各花开放时间有先后，种子成熟时间也不一致，从开花到种子成熟需 20～30 天。后期随温度升高，种子成熟加快，但饱满度较差。种子成熟后，应分期将花球剪下，脱粒、晒干收藏。

三、大葱对环境条件的要求

大葱在营养生长时期，要求气候凉爽，土壤肥沃，中等光强；休眠期则需要低温才可通过春化阶段，一般品种于第二年在长日照下可开花。

（一）温度

大葱耐寒及耐热能力较强，其不同生长时期对温度的反应也不同。种子发芽适宜温度为 13～20℃，4～5℃的低温时也能发芽，但发芽速度随温度升高而加快。大葱植株适宜生长的温度为 20～25℃，低于 10℃时生长缓慢，高于 25℃时生理机能失调，植株抗性下降，叶片发黄；气温超过 35℃，植株呈半休眠状态，部分外叶枯萎。大葱耐寒能力强，其耐寒能力也取决于品种特性和植株养分的积累。植株在零下 10℃时不受冻害；幼苗和种株在土壤、积雪和保护物覆盖下，可通过零下 30℃的低温。

大葱为绿体春化型植物，植株积累一定的养分，长到两叶一心以上时，才可感受低温。若秋季播种过早，营养物质积累较多使植株生长过大，定植后会发生先期抽薹现象。以章丘大葱为例，4 片真叶则会发生部分植株先期抽薹，2 片真叶则会发生越冬死苗现象。越冬前幼苗最适宜的大小，因品种不同而略有差异。

（二）水分

大葱管状叶片表面布满蜡粉，蒸腾作用较弱，所以耐旱。但大葱根系较弱，主要根群分布在土壤的表层，无根毛或根毛很少，吸水力差，喜湿，因此要求较高的土壤湿度。在大葱幼苗期和假茎膨大期，适当浇水是获得高产的重要措施。栽培过程中，要根据大葱不同生育时期的需水规律及气候特点，进行水分管理。适宜的土壤湿度，有利于发芽期种子萌芽出土；幼苗生长前期，适当控制浇水防止幼苗徒长或秧苗过大，返青后浇返青水；缓苗期以中耕保墒为主；植株生长盛期，需增加浇水量和浇水次数；葱白形成期为需水关键时期，需水量大，要小水勤浇；保持土壤湿润，若水分不足，植株较小，辛辣味浓。但大葱不耐涝，炎夏多雨季节，应控制浇水，同时注意雨后排水，以免沤根死苗；收获前要减少浇水量，以提高耐贮性，防止“贪青”。

（三）光照

大葱为筒状叶，其叶面积小，故在密植的情况下，叶片很少相互遮阴，受光状况良好，所以对光照强度要求不高。大葱的光补偿点1 200勒克斯，光饱和点为25 000勒克斯。光照过强，叶片容易老化，纤维增多，食用品质下降；光照过弱则导致叶绿素合成受阻，光合能力降低，叶身黄化，营养物质积累少，产量也随之降低。

长日照是诱导大葱花薹伸长必不可少的条件之一。大葱植株长到一定大小时，低温诱导春化作用后，经长日照，可抽薹开花。但不同品种对日照长度的要求也不同，有些品种经春化以后，无论长日照还是短日照下都可抽薹开花。

（四）土壤和养分

大葱适于在土层深厚，保水力强、疏松透气、含有机质丰富的肥沃土壤上生长。在沙土上栽培大葱，因土壤过于疏松，保水保肥能力差，而且培土后容易倒塌，故不能获得高产。黏土不利于发根和葱白生长，大葱产量低。适宜大葱生长的 pH 值为 5.7~7.4。低洼的盐碱地，会导致植株生长不良。大葱栽培应避免连作，否则随着连作的年限增加，病虫害增多，产量下降，品质变劣。

大葱喜肥，但根系吸收能力较弱，为提高大葱产量，必须注意增施肥料。栽培时，以施用充分腐熟的有机肥效果最好。青葱应多施氮肥，同时也要注意磷肥的施用。大葱一般每亩需氮约 13~16 千克，磷 8~10 千克，钾 10~13 千克。据测定，每生产假茎1 000克，约吸收 N 4.27 克、P_2O_5 2.4 克和 K_2O 4.17 克。此外，钙、镁、锰、硼等对大葱生长也有一定作用。

第四节　优质高产栽培技术

一、大葱露地高效栽培技术

（一）栽培季节

大葱对温度的适应性较广，幼苗可越冬，夏季也不休眠，且产品不论大小，随时可以收获上市，故可分期播种，周年供应。但供应冬季贮存的大葱，需在一定气候条件下栽培，才能形成粗大质优的葱白。大葱是绿体春化植物，植株长到两叶一心且积累一定营养物质时，才能感受低温通过春化。所以，大葱对露地秋播时间要求较严格。若育苗期提前，植株长得较大，当年越冬时就已通过春化，翌年未熟即抽薹，就会失去商品价值；晚播则越冬前养分积累过少，不能安全越冬。但大葱可在冬季保护地育苗，早春定植于露地或大棚内，进行早春生产；大葱亦可在夏秋播种，秋冬定植于大棚内，进行冬季覆盖栽培。

（二）播种育苗

1. 秋播育苗

苗床准备：宜选用土壤疏松，有机质含量丰富，地势平坦，灌溉方便的沙壤土，每亩均匀撒施腐熟农家肥2 500千克，过磷酸钙25千克；深耕细耙，做成1米宽的平畦。

播种时间：秋播以秋分前后为好，严寒地区还可提早，以幼苗越冬前有40~50天的生育期，能长成2~3片真叶，株高10厘米左右，茎粗4毫米以下为宜。这样生理苗龄的幼苗既可安全越冬，又可避免或减少翌年的先期抽薹。

播种方法：一般采用明水播种或暗水播种。前者具体方法是在整平的畦面上播种，用脚踩实，这样种子可浅埋于土中，然后浇水。后者是整好畦后先浇水洇地，水渗下后撒种，用从畦内起出的土覆盖，覆土厚度为0.5~1厘米。此外采用条播法播种一般行距为15~20厘米。每亩用种量一般3~4千克。秋播一般6~8天出苗，此时气温较高，播种后覆盖地膜以利于保湿，出苗时及时揭除。苗床浇水视土壤墒情而定，一般出齐苗后浇一次小水，土壤封冻前浇越冬水，其后为防寒保墒，保证幼苗安全越冬可在育苗畦上撒土杂肥或草木灰，翌年春天土壤解冻后及时将覆盖物搂出畦外。当大葱植株长出3片真叶后，结合浇水追施氮肥2~3次，而且，返青后要及时拔除杂草进行二次间苗。定植前一周停止浇水，进行炼苗，每亩葱苗可定植5~8亩。

2. 春播育苗

苗床应在冬前准备好，要求同秋播。土壤解冻后越早越好，一般3月中旬（春分前后）播种为宜；出苗后及时撤去地膜，因生长期短，要加强肥水管理，生长前期需适当间苗，中期要结合浇水追肥 3~4 次，后期防止徒长要控制肥水，以免影响成活率。

（三）整地施肥

生产上大葱需培土，因此需选择质地疏松、肥力中上、土层深厚、保水保肥力强的地块栽植。大葱忌连作，为防病虫害加重或营养物质的缺乏，应与非葱蒜类作物轮作。种植大葱的地块，在前茬作物收获后，应及时清除枯枝落叶和杂草，每亩施用5 000~10 000千克腐熟农家肥，进行深翻耙平，开沟做垄。种植行宜南北向，可保证受光均匀，并可减轻秋冬季节的北向强风造成的大葱倒伏状况。

（四）定植

定植期：大葱对定植期要求不严，在 6 月上旬及 7 月上旬均可定植。

选用壮苗：起苗前两天浇一次水，保证起苗时干湿适宜，同时要剔除病、弱、伤残苗和有薹苗。壮苗标准为葱苗高30~40 厘米，横径粗 1~1.5 厘米。

定植密度：大葱栽植行距因品种、产品标准不同而不同。短葱白品种宜选用窄行浅沟；长葱白品种对葱白要求不高时可窄行浅沟；质量要求高时用宽行深沟，但种植时不宜过深，以深 7 厘米左右，达到葱心为止，埋土过深导致生长不旺。种植密度如表 1 所示。

表 1　大葱种植密度

品种类型	要求葱白长度（厘米）	行距（厘米）	沟深（厘米）	株距（厘米）	密度（万株/亩）
鸡腿葱	25~30	50~55	8~10	5~6	2.2~2.4
短白或长白类型	30~40	65~70	15~20	5~6	1.9~2.1
长白类型	≥45	75~80	25~30	5~6	1.5~1.7

定植方法：大葱定植的方法有排葱、插葱等。排葱适宜短白葱，

插葱适合长白葱栽植。将同一等级的葱苗插入沟底，紧贴沟脊，种植深度以不埋到心叶为宜，栽植深度要掌握上齐下不齐的原则，即葱苗心叶要距沟面以上 7~10 厘米。葱叶着生方向须与行向垂直，以利于后期栽培管理。定植覆土踩实后需立即浇水，但不宜过多以防下雨积水过多或肥料渗漏。

（五）田间管理

1. 浇水

第一阶段为缓苗越夏期，无论哪种方法定植都必须浇足定植水。然后在大约 20 天的缓苗期间，植株小、根系弱，需水少，水分上要宁干勿涝，防止烂根。此期一般不浇水，使根系迅速更新，植株返青。夏季多雨季节，要注意雨后排水，防止根系缺氧而腐烂。第二阶段为发叶盛期，8 月上中旬天气转凉，葱白处于生长初期，但气温仍偏高，植株生长还较缓慢，兑水分要求不高，浇水 2~3 次即可满足需要，此期避免中午浇水使地温骤然降低而影响根系生长。第三阶段为大葱旺盛生长及葱白形成期，是水分管理的关键时期，要掌握勤浇，重浇的原则。处暑以后，当日平均气温降至 24℃以下直至霜降前，平均每 7~8 天即可长出 1 片叶子，叶序越高，叶片越大，寿命越长。此期叶片和葱白重量增长迅速，需水量大大增加，应结合追肥、培土，每 4~5 天浇 1 次水，而且水量要大，使每沟浇足浇匀。若天旱少雨、浇水量不足，将严重影响葱白的生长速度和产量。一般高产地块在这个阶段需要浇水 8~10 次。第四阶段为葱白生长后期，10 月下旬以后，应逐渐减少浇水。此期灌水 2 次可满足需要。霜降以后气温下降，大葱基本长成，进入假茎（葱白）充实期。植株生长缓慢，需水量减少，但仍需保持土壤湿润，使假茎灌浆，叶肉肥厚，充满胶液，葱白鲜嫩肥实。若缺水则叶子枯软、葱白松散，产量降低，品质变劣。收获前 7 天停水，便于收获贮运。

2. 追肥

大葱追肥应分期进行。立秋后，天气转凉，葱株生长逐渐加快，大葱缓苗进入发叶盛期前应追 1 次攻叶肥，以氮肥为主，肥水结合促进大葱生长。第一次施肥约 20 天，大葱进入生长盛期，此时应追攻棵肥。约在 8 月下旬，按每亩施腐熟的农家肥 4 000~5 000 千克，或加尿素 5~10 千克，硫酸钾 15~20 千克，施于葱行两侧，中耕后培土变沟成垄，浇水。9 月中旬追肥可在行间撒施尿素 15~20 千克，硫酸钾 25 千克，浅中耕、后浇水。以后要根据大葱的生长状况进行适量追肥，以满足大葱后期迅速生长的需要。但最后一次追肥的时间应距收获期 30 天以上。

3. 培土

培土可软化葱白、防止倒伏、提高葱白产量和质量。大葱假茎的叶鞘细胞伸长时需要黑暗与湿润的环境，并要有营养物质输入和贮存作为基础。大葱在加强肥水供应的同时进行培土，可以软化假茎，延长葱白长度，提高葱白的品质。从立秋（8 月上旬）到收获，一般培土 3~4 次，培土越高，葱白越长，葱白组织也较洁白和充实。每次培土高度根据假茎生长的高度而定，将土培到叶鞘和叶身的分界处，即只埋叶鞘，勿埋叶身，以免引起叶片腐烂。通过行间中耕，分次培土，使原来的垄变成沟，沟变成垄。

（六）收获

大葱可根据市场需要，随时收获上市。9—10 月鲜葱可上市，大葱叶绿质嫩，含水量高，不宜久贮。晚霜以后收获的大葱可越冬干贮。霜降以后，管状叶内的水分减少，叶肉变薄下垂时，为冬贮干葱的收获适期，此时应及时收获。不能收获过晚让大葱受冻，引起腐烂。

大葱收获时，为避免损伤假茎，忌猛拔猛拉，防止茎盘拉断或断根而降低葱的商品质量。大葱收获后抖净泥土，摊放在地里晾晒2~3

天，待叶片柔软，须根和葱白表层半干时，除去枯叶，分级打捆。不可随便堆放，以免发热腐烂。大葱收获时还应避开早晨霜冻，防止葱叶损伤感染病害而腐烂。待日间气温上升，葱叶解冻时再收获。

二、保护地大葱栽培技术

为满足市场的需要，大葱可利用温室、阳畦、拱棚等进行保护地栽培。但考虑到投资成本问题，生产上多使用拱棚进行栽培。保护地栽培的大葱一般以青葱（小葱）供应市场。

（一）育苗时间

大葱保护地栽培可随时排开播种，周年生产，但为便于管理，防止先期抽薹，可于春秋两季育苗。

1. 春季育苗

一般在2—3月用大棚育苗，苗龄50~60天，于3月下旬至4月下旬在拱棚内定植，定植方法与露地同。棚内温度白天维持在15~25℃，夜间不低于8℃，以防止先期抽薹，其他田间管理措施与露地相同。必须注意，若春季育苗过早，幼苗生长期或定植后温度过低，均易造成先期抽薹。

2. 秋季育苗

一般9—10月播种育苗，苗龄50~60天时定植，定植方法及管理与露地同。但随着气温的降低，生长速度减缓，为保证冬季生长，可在10月下旬覆盖棚膜，棚内温度管理与春季同。

（二）主要栽培技术

1. 播前准备

苗床选择同露地栽培，前茬收获后及时整地施肥，每亩可施

3 000~4 000千克充分腐熟的有机肥，然后深耕细耙，做畦待用。

2. 播种

北方地区一般于9月上旬至下旬播种。适当调节播种时期，使冬前幼苗生长期40~50天，具有两叶一心、茎粗约0.4~0.5厘米、株高约10厘米左右，以免播期太早发生先期抽薹或太晚造成苗小受冻。播种方法同露地栽培。

3. 田间管理

播种出苗后要防止幼苗过大和徒长。土壤上冻前浇一次冻水，并在畦北面架设风障，高寒地区还应在畦面上覆盖草木灰或厩肥，以利于幼苗安全越冬。中小拱棚的骨架也应在土壤封冻前插好，并在四周挖好铺塑料薄膜的沟，以便于早春覆盖。

4. 扣膜

于2月上旬无风的晴天中午，将塑料薄膜盖到棚架上，四周埋入沟中并覆土压实。夜间可加草苫覆盖保温，保持棚内温度白天在15~25℃，夜间不低于8℃。

5. 扣膜后的管理

扣膜后表土化冻，中耕除草及枯叶，提高地温。幼苗返青时，随水施肥，每亩施10千克尿素，中耕，以促进幼苗生长。随着气温升高，葱苗生长加快，此时应根据土壤墒情，适当浇水。棚内温度达30℃以上时，要进行放风降温。于3月上中旬葱苗长到高25~30厘米时即可收获上市。

（三）囤葱栽培

冬季国内市场鲜葱供应还可利用温室进行囤葱栽培。一般利用温室的边畦及走道等处囤葱。这些地方，温度变化大，或光照差，种其他蔬菜长不好，可囤栽秋季露地栽培中生长较差的大葱，以新葱供应新年和春节市场。囤葱的方法是：先算好日期，在上市前

20~30 天，将供栽的大葱去黄叶、干叶，按行株距 10 厘米见方，囤栽于施好肥的畦里，栽深 7 厘米。栽后 4~6 天，当葱干发出新根时浇 1 次水。温室中由于温度较高，大葱很快就长出新叶，随时收获上市。

三、分葱栽培技术

（一）分葱的生长发育特性

分葱主要在我国南方各地栽培，分葱植株矮小丛生，鳞茎不特别膨大，分蘖力强；株高 40 厘米左右，能开花，但不易结实，一般用分株繁殖；有些品种也能开花结籽、用种子繁殖，但结籽后植株枯死。

分葱食用部分为细小柔嫩的假茎和嫩绿的叶片，有特殊辛香味，多作菜肴调料用。温暖地区可以全年生产，随时采收食用。分葱由于生长季节不同，可分为夏葱、冬葱、四季葱等。夏葱能在炎热的 5—8 月生长，冬葱以秋季生产为主，但均不耐寒冷。四季葱一年四季均可栽培，而以 4—5 月的产品品质最好。因分葱的食用部位是嫩叶，分蘖多则叶片多，产量高。分葱分蘖是在茎盘上发生的，1 株每年可形成 20~80 个分蘖，成为丛生状。分蘖多少与气温、施肥水平有关。春夏时气温高、土壤肥沃、水分充足，分蘖旺盛。若分蘖过多，地上、地下部互相拥挤，生长受到抑制，植株逐渐衰老，需要将植株挖出，重新分株栽植。

（二）繁殖方式

分葱繁殖时，在整平的畦上，按行株距 24 厘米×14 厘米挖穴，每穴栽 3~4 株，栽深 5~7 厘米，栽后浇水，缓苗后中耕除草。分葱因根系分布较浅，吸收能力弱，栽植期间要保持土壤湿润，排水防涝。株高 18 厘米即可收割。

不开花结籽的分葱：江南一带的冬葱，于 8 月中旬选留健壮植株，分株丛栽，每丛 3～4 株，每亩栽 8 000～10 000 丛，10 月中旬开始采收。遇霜冻地上部枯萎，以地下部越冬；翌年萌发，4～5 月采收，不抽薹。5 月叶鞘基部略膨大，地上部枯死。此时可将全株挖起晾干，挂藏越夏，8 月重新分株栽植。

四季葱可四季栽培，一年可分株繁殖 4 次。第一次 8 月中旬丛栽，每丛 3～4 株，每株分栽 8～10 丛。11 月中旬培土软化，翌年 1—2 月收获；第二次 11 月下旬分株栽植，不培土翌年 3—4 月收获；第三次 3 月下旬分株栽植，5 月下旬收获；第四次 5 月下旬分株栽植，7 月中旬收获，此时气温高，生长慢，产量较低。

开花不结籽的分葱：分蘖力较强，对环境适应性广，四季均可分株繁殖。栽培过程与前相同，不培土。由于植株较小，行株距亦较小，产量较低。

开花结籽的分葱：以种子繁殖，春播、秋播均可。春播 3 月中旬播种，5 月单株分栽，每株可分蘖 20 个以上，6—9 月分批收获；秋播 8 月直播，10 月至翌年 4 月上旬陆续收获，而后抽薹开花结籽。

（三）田间管理

分葱虽有各种繁殖方法，但田间管理基本相同。分葱宜在地势高燥，有机质丰富，保水保肥力强，排水良好的沙壤土栽植。大多数品种多食用嫩叶和葱白，基肥以农家肥为主，分蘖多的品种可以培土软化。在分葱生长期间，每收割 1 次就要追 1 次速效氮肥，以促进叶片生长。施肥量在幼苗期少一些，随着植株生长可增加肥料的施用量。

第五节　病虫草害防治

一、大葱病害防治

大葱病害主要有紫斑病、霜霉病、锈病、菌核病、葱类黄矮病、大葱灰霉病、大葱疫病、大葱白腐病、大葱炭疽病、大葱软腐病等。

（一）大葱紫斑病

1. 发病症状

主要侵害叶片和花梗。病斑多从叶尖中部开始发生，几天后即可蔓延至下部。初期病斑小，灰色至浅褐色，很快扩大为椭圆形或纺锤形，凹陷，呈暗紫色，常呈同心轮纹状。环境条件适宜时，病斑扩大到全叶，或绕花梗一周，叶片、花梗枯死或折断，严重影响鲜葱的产量、品质和种子的成熟。

2. 病原与发病规律

该病由半知菌亚门葱链格孢真菌侵染引起。病菌以菌丝体在寄主体内或随病残体遗落在土壤中越冬，种子也可带菌。越冬后的菌丝次年产生分生孢子，分生孢子借雨水和气流传播。南方病菌以分生孢子在各类葱蒜类蔬菜上辗转传染，无明显的越冬期。分生孢子随气流传播，从伤口、气孔或表皮直接侵入致病。温暖多湿，连阴雨天，缺肥，植物生长衰弱，葱蓟马造成伤口时，发病严重。

3. 防治方法

①清洁田园，与非葱类作物实行轮作；②因地制宜选用抗病品种；③加强肥水管理，使植株生长健壮，增强抗病力。及早防治葱蓟马，以免造成伤口等；④药剂防治：播前种子用40%福尔马林300倍液浸种3小时消毒，消灭种子带菌，浸后充分水洗。发病初期喷

75%百菌清可湿性粉剂600倍液、或70%甲霜灵锰锌可湿性粉剂500倍液等，每7~10天1次，共喷3~4次，各药剂应轮换使用。

（二）霜霉病

1. 发病症状

为害叶片、花梗。起初形成椭圆形淡黄色病斑，边缘不明显，表面产生白色霉层。病部上方叶片下垂干枯，假茎受害会向被害一侧弯曲，易折断。幼苗感病后可全株死亡，成株感病造成减产。

2. 病原与发病规律

该病由鞭毛菌亚门霜霉属的真菌侵染引起。病菌主要以卵孢子随病残体在土中越冬，翌年通过雨水反溅，传到叶片上进行初侵染，潮湿时病部产生大量的孢子囊，主要随气流传播，引起再侵染。雨水和昆虫也能传播，相对湿度95%以上、气温15℃左右为此病流行季节。低温多雨、重雾天气、地势低洼、过分密植、植株生长不良及大水漫灌时发病严重。

3. 防治方法

①农业防治方法与大葱紫斑病相同；②栽葱时选苗，消灭苗期带病植株；③药剂防治：与紫斑病同，防治时间每7~10天1次，共喷2~3次，各药剂应轮换使用。

（三）锈病

1. 发病症状

为害叶片和花薹，病部产生椭圆形或梭形黄色稍隆起的疱斑，表皮裂开后散出橙黄色夏孢子。后期病部形成黑褐色椭圆形稍隆起的疱斑（冬孢子堆），纵裂散出紫褐色冬孢子，致使叶片上长满疱斑，病叶干枯。

2. 病原与发病规律

由担子菌亚门、葱柄锈菌侵染所致。该病菌以冬孢子和夏孢子形态附在病株上越冬，形成初侵染源。孢子借助气流传播，侵入大葱而发病，形成夏孢子。夏孢子形成再侵染源，向周围植株蔓延。以春秋两季发病严重。春秋多雨、气温较低的年份发病重；肥料不足，植株生长不良以病严重。大葱春、秋季节易发病。

3. 防治方法

①多施农家肥，增强植株长势，提高抗病能力；②发病严重处，提早收获；③药剂防治：发病初期喷药，可用15%粉锈宁可湿性粉剂2 000~3 000倍液，或50%萎锈灵乳油800~1 000倍液或70%代森锰锌可湿性粉剂500倍液等，每10天1次，共喷2~3次，各种药剂应交替轮换使用。

（四）葱类黄矮病

1. 发病症状

受害叶片产生黄绿色斑驳，或呈长条黄斑，叶面皱褶，新叶生长受到抑制，植株矮小、丛生或萎缩，发病严重时叶管黄化、下垂，整株枯死，影响产量、品质和贮藏性。发病较普遍，而且没有有效药剂防治。

2. 发病规律

大葱黄矮病的病原菌为黄条病毒、矮化病毒。由蚜虫、蓟马或汁液、摩擦接种传播。苗期高温干旱，有翅蚜迁飞多，或附近有葱类蔬菜时，发病早、受害重。早春早播病轻，晚播病重。高温干旱、低洼地、氮肥过多时病重。

3. 防治方法

①实行轮作，不要在前茬为葱蒜类地块种植、育苗；②发现病株及时拔除；③避免单施氮肥，增施有机肥及氮、磷、钾肥配合施用；④要加强虫害防治，减少传播途径；及时防治蓟马、蚜虫等害虫；农事操作注意不要损伤葱苗，以免病毒从伤口入侵。

（五）灰霉病

1. 发病症状

发病初期，大葱叶上生白色斑点，椭圆或近圆形，直径1~3 毫米，多由叶尖向下发展。随着病情发展，病斑扩大连成一片，直到半张或整张叶片卷曲枯死，叶鞘内部组织腐烂。潮湿时，病部长出灰色霉层。

2. 病原及发病规律

由半知菌亚门大蒜盲种葡萄孢真菌侵染所致。分生孢子随风雨传播，接触植物体后，主要由伤口侵入，也可直接穿透表皮而侵入。冷凉、高湿的环境条件最有利于灰霉病的发生。土壤黏重，排水不良，灌水不当，过度密植，偏施氮肥，植株衰弱，伤口、刀口愈合慢等情况都能导致发病加重。

3. 防治方法

①清洁田园，与非葱类作物实行轮作；②加强肥水管理，使植株生长健壮，增强抗病力；合理密植，使葱田通风透光，防止高湿低温条件出现；③药剂防治：发病初期喷 50%速克灵腐霉利可湿性粉剂 2 000 倍液、或 50% 扑海因异菌脲可湿性粉剂 1 500 倍液、或36%甲基硫菌灵悬浮剂 500 倍液等，每7~10 天 1 次，共喷 3~4 次，药剂应轮换交替或混合使用。

二、大葱虫害防治

大葱虫害主要有葱斑潜蝇、葱蓟马和葱蝇等。

（一）葱斑潜蝇

1. 症状

幼虫终生在叶内曲折穿行，潜食二层表皮内叶肉组织，叶片上可见到迂回曲折的蛇形隧道。破坏叶片的绿色组织，只留上下两层白色透明的表皮，严重时，每叶片可遭到十几条幼虫潜食，叶片枯萎，影响光合作用和产量。此虫害春秋季节为害严重，炎夏减轻。

2. 防治方法

①清洁田园，前茬收获后清除病叶残体，深翻、冬灌，消灭虫源；②药剂防治：在产卵前消灭成虫，成虫发生盛期喷施灭杀毙6 000倍液，或40%乐果乳剂1 000~1 500倍液等，每5~7天喷1次。幼虫为害时，喷40%乐果乳剂1 000~1 500倍液，在收获前15天停用。以上药剂共喷2~3次，并轮换使用。

（二）葱蓟马

1. 症状

成虫、若虫都能为害，以刺吸式口器为害葱叶片，吸食汁液，严重时创面形成密布灰白色小斑点，葱叶寿命缩短、光合能力下降，严重时葱叶弯曲、枯黄。蓟马一年发生6~10代，5—9月均有为害，夏季高温干燥天气为害严重。

2. 防治方法

①清洁田园，及早清除越冬葱上的枯叶，将越冬的成虫和若虫消灭；②适时灌溉，早春干旱时，及时灌水；③药剂防治：用50%乐果乳剂800倍液，或50%辛硫磷乳油1 000倍液，或1.8%阿维菌素乳油1 000倍液等，并轮换用药。

（三）葱蝇

1. 症状

葱蝇又叫韭蛆，幼虫为害葱蒜类蔬菜。春秋季节在假茎靠近地面处产卵，孵化出幼虫潜入叶鞘基部，食幼叶和生长点，引起腐烂，以至叶片枯黄、萎蔫枯死。

2. 防治方法

①施用充分腐熟的粪肥和饼肥，并做到均匀、深施，种、肥分离。大葱生长期内不追施稀粪；②药剂防治：在葱蝇发生的地块，成虫产卵期喷洒 40%乐果乳油 600 倍液或 40%辛硫磷乳油 500 倍液杀灭成虫，或在植株根际附近地面喷洒。③栽植时剔除受害葱苗，把尚未受蛆害的葱苗用以上农药浸泡假茎下部，杀死可能潜伏在内的幼蛆。

三、大葱草害及防除

大葱多采用育苗移栽，播种后出苗晚，生长慢，育苗期较长，地面裸露易生杂草，影响幼苗健壮生长，所以必须及时除草。葱地的杂草，大多是 1 年生的狗尾草、稗草、马唐、野苋菜、灰菜等。人工拔草费工费时，劳动强度大，劳动效率低；化学除草省工，省时，劳动强度小，劳动效率高，具有较高的推广和利用价值。进行绿色食品蔬菜生产，应采用人工除草为主，辅之物理措施除草，而不能使用化学除草。

仅为一般无公害蔬菜生产时，可按国家农药安全，合理使用有关准则，常用化学除草剂有：33%菜草通（二甲戊灵）乳油，每亩施用 100 毫升，兑水喷雾；或 48%氟乐灵乳油，每亩施用 100～150 毫升，25%草胺磷乳油，每亩施用 200 毫升等。

喷药的方法是：上述任何一种除草剂，都应在大葱播种后、出苗前，杂草尚未萌发或刚萌发时使用，则效果较好。如果用药偏晚，杂草已经大量出土，则防治效果较差。其中除草通比较安全，其他均有不同程度的药害。

第二章 姜

第一节 生姜概述

一、生姜起源分布及种类

（一）生姜的起源及分布

生姜（*Zingiber officinale* Roscoe）简称姜，又称黄姜，是姜科一年生或多年生草本植物，原产于中国及东南亚等热带地区。生姜的栽培历史悠久，至今已有2 500多年，现在已广泛栽培于世界各亚热带、热带地区，以亚洲、非洲为主。中国、印度、印度尼西亚等为生姜主产国，栽培面积及总产量占全世界的90%以上。在我国，南方以广东种植面积较广，其次是江西、安徽、四川、湖南、湖北等，种植总面积2万~3万公顷；北方则以山东为主要产区，此外，河南、陕西等地栽培也较多。

（二）生姜的种类

按照生姜的根茎或植株的用途可分为食用药用型、食用加工型和观赏型三种类型。根据生姜的植物学特征及生长习性，可分为疏苗型和密苗型两种类型。

疏苗型：植株高大，茎秆粗壮，分枝少，叶深绿色，根茎节少而稀，姜块肥大，多单层排列，其代表品种有山农1号大姜、山东莱芜大姜、广东疏轮大肉姜、安丘大姜、藤叶大姜等。

密苗型：生长势中等，分枝多，叶色绿，根茎节多而密，姜块多数双层或多层排列，其代表品种如山东莱芜片姜、广东密轮细肉姜、浙江临平红瓜姜、江西兴国生姜、陕西城固黄姜等。

二、发展生姜产业的意义

（一）生姜的食用价值

生姜是集调味品，加工食品原料，药用蔬菜为一体的多用途蔬菜。以其地下根状茎供食用，具有特殊的香辣味，是我国人民普遍食用的香辛调味蔬菜。除碳水化合物、蛋白质、多种维生素及矿物质外，还含有姜辣素（$C_{17}H_{24}O_4$）、姜油酮（$C_{11}H_{14}O_3$）、姜烯酚（$C_{17}H_{24}O_{13}$）和姜醇（$C_{15}H_{26}O$）等多种营养成分。因具有独特的辛辣风味，成为家家户户做菜煲汤的必备调味料，炒菜、炖汤、煲粥、蒸鱼放点生姜即可提鲜去腥。生姜跟螃蟹、龙虾等海鲜更是绝配，《红楼梦》中有螃蟹咏说：“酒未涤腥还用菊，性防积冷定须姜。”

（二）生姜的药用价值

生姜加工成干姜，炮姜可做药用，又被称为东方药物，是我国中医药的常用成分。姜的根茎（干姜）、栓皮（姜皮）、叶（姜叶）均可入药。生姜味辛，性微温。归肺、脾、胃经。具有解表散寒、温中止呕、温肺止咳、解毒的功效，常用于风寒感冒，脾胃寒症，胃寒呕吐，肺寒咳嗽，解鱼蟹毒。生姜与半夏、厚朴、甘草、人参一起熬成参姜汤，具有温心健脾，散寒化饮的功效，可治疗临床上因脾虚气滞所引起的疾病，如胃炎、胃肠神经官能症、胆囊炎等。生姜与大枣、红糖煎汤代茶喝，能促进血液循环，改变阳气虚弱状况，增加机体热量，可治疗手脚冰凉。近年还发现姜能使血液变稀，是一种温和的抗凝剂。

（三）生姜的加工意义

生姜可加工成姜粉、酱姜、糟姜、姜片干、酸姜、糖姜片等姜制品出售，增加农民的收入。生姜、生姜醇提物和姜酚等具有抗缺氧和脑缺血再灌注损伤保护等作用，并且具备较强的抗氧化、清除自由基能力；生姜挥发油对脑缺血再灌注损伤具有保护作用。可提取生姜中的生姜醇、姜酚、挥发油等物质加工保健品及药品。

第二节 生姜的生物学特性

一、生姜的植物学特征

（一）根系

姜的根为浅根系，包括纤维根和肉质根，主要根群分布在深 30 厘米和半径 40 厘米的土层内，土表 10 厘米以内占 60%~70%。纤维根从幼芽基部发生，为初生的吸收根；肉质根着生姜母及子姜的茎节上，兼有吸收和支持植株直立的功能。

（二）茎

姜的茎包括地上茎和地下茎两部分。地上茎为假茎，直立，为叶鞘所包被，茎高 80~100 厘米。植株长出的第一枝姜苗为主茎，以后发生大量分枝。茎基部膨大形成地下根状肉质根茎，为产品器官，是由若干个分枝基部膨大而形成的姜球构成。扇状的地下肉质根茎，呈不规则块状，皮色淡黄色，肉质黄白色，味辣。

（三）叶片

姜的叶片包括叶片和叶鞘两部分。叶片披针形，互生，绿色，有特殊香味。叶鞘绿色狭长而抱茎，具有保护和支持作用。

（四）花

生姜的花为穗状花序，花茎直立，高 30 厘米左右，由叠生苞片组成，苞片边缘黄色，每个苞片都包着一个单生的绿色或紫色小花，花瓣紫色，雄蕊 6 枚，雌蕊 1 枚。在我国生姜极少开花。

二、生姜的生长周期

生姜为姜科姜属多年生宿根草本植物，通常作一年生作物栽培。为无性繁殖作物，以根茎为繁殖器官，整个生长发育过程基本上均进行营养生长。按照其生长发育特性可以分为 4 个时期：发芽期、幼苗期、旺盛生长期和根茎休眠期。

（一）发芽期

从种姜幼芽萌发开始，到第一片姜叶展开为发芽期，包括催芽和出苗的整个过程，需 40~50 天。发芽过程包括萌动、破皮、鳞片发生、发根、幼苗形成等几部分。该生长阶段其生长量很小，主要依靠种姜的养分进行发芽并生长，只占全生育期总生长量的 0.24%。因此，在栽培上必须注意对种姜进行精选并培育壮芽，加强发芽期田间管理，为其创造适宜的发芽条件，保证顺利出苗，并使苗全苗旺。

（二）幼苗期

即“三股杈”时期，从展叶开始，到具有两个较大的侧枝，需

65~75 天。这一阶段，由依靠母体营养的异养形式，转变成姜苗能够依靠植株幼芽基部纤维根吸收养分和叶片制造光合养分并基本进行独立生活的自养形式。此期以根系和主茎生长为主，生长速度较慢，生长量较少，约占全期总生长量的 1/10。在栽培管理上，应着重提高地温，促进发根，消除杂草，进行搭棚或插遮阳草进行遮阳，培育壮苗。

（三）旺盛生长期

从三股杈至收获，为茎、叶和根的茎旺盛生长期（北方在立秋前后），也是产品形成的主要时期，需 70~75 天。该生长时期生姜发生大量分枝，叶数剧增，为幼苗期的 6~7 倍，叶面积迅速扩大，地下根状茎加速膨大，植株生长量占总生长量的 91.93%。前期以茎叶生长为主，为盛长前期或称发棵期；后期生长中心转移到根茎，此时以地下根状茎膨大为主，叶片制造的养分主要输送到根茎中积累起来形成产品器官，为盛长后期或称根茎膨大期。在盛长前期应加强肥水管理，促进发棵，使之形成强大的光合系统，并保持较强的光合能力；在盛长后期，则应促进养分运输和积累，并注意防止茎叶早衰，结合浇水和追肥进行培土，为根茎快速膨大制造有利、适宜的条件。

（四）根茎休眠期

生姜原产于热带，不耐寒、不耐霜。我国北方地区冬季寒冷，生姜不能在露地生长，初霜到来时茎叶便遇霜枯死，如遇强寒流，根茎亦会遭受冻害，所以通常在霜期到来之前收获贮藏，迫使根茎进入休眠，安全越冬。休眠期长短因贮藏条件不同而有较大差异，短者几十天，长者达几年。在贮藏过程中，需要保持适宜的温度和湿度，既要防止温度过高，造成根茎发芽，消耗养分，又要防止温度过低，避免根茎遭受冷害或冻害。生姜适宜的贮藏温度条件为11~13℃；窖洞内近饱和的空气湿度（>96%）可防止根茎干缩，保持根茎新鲜及冲洗后生姜色泽鲜亮。此外，生姜“圆头”后还要尽可能减少窖洞内外空气交换，保持较低的氧气含量减少幼芽生长量。

三、生姜对环境条件的要求

（一）温度

1. 不同生长阶段对温度的要求

生姜起源于热带森林地区，由于长期生态适应和系统发育的结果，形成了喜温而不耐寒的特性。在其生长的各个阶段，对温度的要求也不尽相同。

据试验，种姜在16℃以上便可由休眠状态开始发芽，但在16~17℃条件下发芽极慢，发芽期很长，长达60天左右。在20℃时，幼芽生长仍然较慢；保持22~25℃时幼芽生长速度适宜，易培育壮芽，经20~25天，幼芽可长至1.5~1.8厘米，芽粗1~1.4厘米。在28℃以上高温条件下，发芽虽快，但幼芽往往细长而瘦弱不够肥壮，后期易形成弱苗。幼苗期和发棵期，保持以20~28℃较为适宜，有利于茎叶的生长。在根茎旺盛生长期，为积累大量养分，要求白天和夜间保持一定的昼夜温差，白天保持25℃左右，以利于茎叶进行光合作用，夜间保持17~18℃为宜，有利于养分积累和根茎的生长。当温度降至15℃以下时，生姜植株停止生长，茎叶遇霜即枯死。总体而言，生姜整个生育期内温度宜在17~35℃，否则对其生长不利，但随光照、二氧化碳浓度等环境因素变化其光合作用适温会发生相应变化。

2. 对积温的要求

积温是作物热量需求的重要指标之一。生姜在其生长过程中，不仅要求一定的适宜温度范围，而且还要求一定的积温，才能顺利完成其生长过程并获得较高产量。根据对莱芜姜的生长过程及当地气象资料分析，其全生长期约需活动积温3 660℃，15℃以上的有效积温1 215℃。

（二）光照

生姜为喜光耐荫作物，强光对生姜生长的抑制作用主要体现在分枝数、叶面积、根茎重等指标变化上。生姜幼苗在高温强光照射下裸露栽培，常表现为植株矮小叶片发黄、分枝少而细弱、长势不旺、根茎产量降低。因此，自古以来，我国南、北方生姜栽培均有遮阳管理措施。苗期光照不足雨水过多，对姜苗生长也不利。生产上根据生姜不同的生长时期对光照要求进行“变光”管理：发芽时要求黑暗；幼苗时期不耐强光，要求中强光，生产上需采取遮阳措施造成花荫状，以利幼苗生长；旺盛生长期群体大，植株自身互相遮阳，要求较强光照以储存积累更多的光合产物。

生姜对日照长短要求不严格，在长、短日照下均可形成根茎，但以自然光照条件下根茎产量高，日照过长或过短对产量均有影响。

（三）水分

生姜为浅根性作物，根系不发达，吸收力较弱，不能充分利用土壤深层的水分，而叶片的保护组织亦不发达，蒸腾失水快，因而不耐干旱，兑水分要求严格。幼苗期生长量虽小，但苗期水分消耗量大，主要原因是蒸腾作用旺盛，且北方生姜苗期恰处高温干旱季节，土壤蒸发量大，因此该时期需及时灌溉补水。如果土壤干旱，则姜苗生长受抑，植株矮小，常出现“挽辫子”现象，叶片光合能力弱，影响后期根茎的形成。生姜进入旺盛生长期后，植株生长速度加快，需要较多水分。为促发分枝和根茎迅速膨大，水分应及时足量供应。

生姜不耐干旱亦不耐涝，在干旱条件下虽可存活，但生长不良，根茎产量低，而且根茎纤维增多，品质变劣。同样，土壤水分过多，如田间土壤积水，轻则使发芽出苗变慢，根系生长受阻发育不良，重则引发姜瘟病，引起减产甚至绝产。

因此，生姜栽培中应根据其不同生长时期的需水规律，合理供水，保持土壤湿度适宜，并注意雨后及时排除田间积水。为满足其生育之需保证良好的生长，要求土壤始终保持湿润，以田间最大持水量的70%~80%的土壤含水量为宜。

（四）土壤及营养

生姜对土壤质地要求不甚严格，适应性较广，无论沙土、壤土或黏土均能正常生长，但不同土质对其产量和品质有不同影响。土层深厚，土质疏松肥沃，有机质丰富，通气良好，灌排方便，呈微酸性的壤土有利于生姜生长。壤土沙黏适中，既松软透气，又能保水保肥，有利于幼苗生长与根系发育，因而根茎产量最高。沙土透气性好，春季地温上升快，有利于早出苗、发苗快，但沙土保水保肥能力差，后期易脱肥造成盛长期植株长势弱、早衰，因此往往产量不高。但沙性土壤栽培生姜，其根茎多表现光洁美观，含水量较少，干物质率高。黏性保壤保肥能力强，但透气性差，影响前期发苗和后期根茎膨大，产量也较低。黏性土壤栽培生姜，根茎含水量较高，质地细嫩。土质不同不仅影响根茎的商品质量，对其营养品质也有一定的影响。重壤土种植生姜干物质含量较低，但可溶性糖、维生素 C 和挥发油的含量显著高于轻壤土和沙壤土种植的生姜。三种土质栽培的生姜，其淀粉和纤维素的含量无显著差异。

土壤酸碱性对生姜茎叶和地下根茎的生长影响显著。生姜喜中性和微酸性环境，但对土壤酸碱度的适应性也较强，在 pH 值 4~9

的范围内，对幼苗生长无大影响。在茎叶旺盛生长期则以 pH 值 5~7 最为适宜。盐碱涝洼地不适宜于种生姜，当土壤 pH 值大于 8 时，生姜各器官生长明显受抑，表现为植株矮小、叶片发黄、根茎发育不良。

（五）生姜对矿质营养的要求

生姜为喜肥耐肥作物。生姜根系不发达，吸肥能力较弱，需肥量大，因此对养分要求比较严格。生姜的全生长期吸收钾肥最多，氮肥次之，磷肥最少。吸收氮、磷、钾的比例，大致为氮（N）38%~42%，磷（P_2O_5）10%~12.5%，钾（K_2O）46%~49%。增施钾肥可促进植株对氮、磷的吸收，提高生姜产量及根茎中粗蛋白和挥发油含量。生姜各器官对三元素的吸收量不同，根状茎吸收氮、钾较多，磷较少。所以在根茎迅速膨大期，应加强肥水管理，追施氮肥和钾肥，防止植株早衰，增加生姜的产量。生姜不同的发育时期对养分的吸收也不同：苗期生长缓慢，生长量小，需肥少；“三股杈”时期以后植株生长旺盛，需肥量增多，因此后期追肥十分重要。

生姜要求营养全面，不仅需要氮、磷、钾、钙、镁等元素，还需要锌、硼等多种微量元素。在生姜栽培中，需要施用完全肥。如果缺少某种元素，不仅会影响植株的生长和产量，而且也会影响根茎的营养品质。因此，施肥时应根据生姜需肥规律土壤总养分和肥料效应，按照有机肥与无机肥、基肥与追肥相结合的原则，进行平衡施肥，方能获得较高的产量和品质。

第三节　生姜栽培技术

一、选地、整地

（一）选地

生姜可露地栽培，亦可大棚栽培。因其为地下块茎作物，根系少，分布范围小，应选择土层深厚、土质肥沃、有机质丰富的地块。露天栽培时应选择地势高、干燥、无污染、灌排方便、土层深厚、土质疏松肥沃、有机物丰富、无姜瘟病的微酸性土壤，以土壤 pH 值为 5~7 时最宜生长。

大棚栽培时亦应选择地势稍高易排灌的地块，同时要求土质肥沃、土层深厚、无姜瘟病、地下害虫少。搭建大棚时间至少在种植前 1 个月，扣好大棚膜后翻耕土壤以提高地温、降低土壤含水量，且做好排水沟以防积水。

（二）整地

姜田选定后，于前茬作物收获后进行秋耕（南方为冬耕），经冬季的冰冻风化，可加强土壤的熟化，冻融交替也可改善土壤结构，增加有效养分含量。翌年土壤解冻后，每亩施入 5~8 立方米优质腐熟鸡粪，50 千克过磷酸钙，并细耙1~2 遍，然后将地整平。

因南北方气候条件差异，生姜栽培方式也不相同。北方多采用沟种方式：在耙细整平的田块上按南北向或东西向开沟，随着栽培技术的提高，现沟距一般 65~70 厘米，沟宽25~30 厘米，沟深 20~30 厘米。北方姜区种姜，开好沟后一般每亩沟施 25 千克尿素、25 千克过磷酸钙、25 千克硫酸钾，或直接施入 50 千克氮磷钾复合肥。

二、培育壮芽、合理播种

（一）精选姜种

根据市场需求选择适当的品种，并进行适地生产。选用姜块肥大、丰满、皮色鲜黄光亮、肉质新鲜不干缩、未受冻、不腐烂、质地硬、芽眼饱满、节间粗壮、无病虫的健康姜块作种。严格淘汰姜块瘦弱干瘪、肉质变褐及发软的种姜。

（二）培育壮芽

1. 晒姜困姜

于适期播种前30天左右（3月上中旬），选晴天从窑内取出种姜，用清水冲洗，去掉姜块上的泥土，将精选冲洗后的姜种于进行晾晒，夜间收进室内防霜冻。晾晒1~2天，使姜皮发白发亮，种姜晒困结束。在晒困过程中，还应注意是否存在病症不明显的姜块，经晒困后，淘汰表皮失水干瘪皱缩、色泽灰暗的姜块，确保姜种质量。

2. 浸种消毒

对精选、晒后的姜种，用姜瘟散、生姜宝、绿霸等农药200倍液进行浸种10分钟，起到杀菌灭菌作用，晾干后上炕催芽。

3. 种姜催芽

催芽可使种姜幼芽快速萌发，且种植后出苗快而整齐。催芽的过程，北方多在正月底前后进行，称“炕姜芽”；南方多在清明前后进行，称“熏姜”或“催青”。催芽温度掌握在22~25℃，并掌握前高后低，20天后，待姜芽生长至0.5~1厘米时，按姜芽大小分批播种。南方温暖地区种姜出窖后多已现芽，可不经催芽即播种。

4. 掰姜选芽

种姜块大小对植株生长和产量有明显影响。催芽后根据出芽情况及姜块大小把大块种姜掰成小块。姜块的大小与产量关系较大，采用较大的姜块作种，出苗早，生长发育快，产量高，一般以70~100克大小为宜。若种姜块太小，则植株瘦弱，生长不旺，分枝少，根茎小，产量低。每小块种姜只留一个壮芽，其余去掉。舍弃发黑、断面有黑圈的姜芽，没有壮芽的姜块留两个较好的芽。至收获时，种姜不腐烂，仍可回收作为商品出售。

（三）适时播种，合理密植

生姜喜温，不耐寒，不耐霜，所以必须要将生姜的整个生长期安排在温暖无霜季节栽培。应在断霜后地温稳定在15℃以上时播种，初霜到来前收获。一般要求适宜于生姜生长的时间要达到135~150天以上，尤其是根茎旺盛生长期，要有一定日数的最适温度，才可获得较高的产量。据上述要求，在我国大部分有霜冻地区应适时播种，播种过早，因地温低，迟迟不能发芽；播种过晚，生长期缩短，产量降低。我国东北、西北高寒地区无霜期过短，露地条件下不适宜于种植生姜。

1. 播种时期

我国生姜播期从南向北逐渐推迟，广东、广西等地冬季无霜，全年气候温暖，1—4月均可播种，长江流域各省露地栽培一般于谷雨至立夏播种，而华北一带多在立夏至小满播种。根据当地气温、地温和晚霜时间，地膜栽培比常规播种可提早20~30天，于4月上旬开始播种，保护地栽培可在3月中旬播种。条沟起垄，沟底浇水洇透，垄被干燥。先播大芽壮芽，后播小芽弱芽，姜块平放于沟底，芽朝一个方向，东西沟，芽朝东南；南北沟，芽朝西南（见图2-1）。播后及时覆土2~3厘米。地膜覆盖盖膜前应每亩用100~150克除草剂兑水喷施，免除膜下杂草。地膜规格适地选择。现在有些生姜产区采用塑料大、中棚、地膜覆盖等保护措施栽培生姜，可以适当提早播种或延迟收获，从而延长生姜生长期，收到显著增产效果。

图 2-1 生姜南北沟种植

2. 合理密植

适当降低生姜的种植密度，促使姜块大而整齐，提高单株产量。高产地块种植大姜行距 60 ~ 65 厘米，株距不小于 20 厘米，每亩 5 500 株左右；中肥水地块行距 60 厘米，株距 18 厘米，每亩 5 500~6 000株，亩用种量一般 400 ~ 500 千克；小姜则为每亩 7 000 ~ 8 000 株，行距 60 ~ 65 厘米，株距 16 ~ 18 厘米，亩用种量 350 ~ 400 千克。

三、田间管理

（一）水分管理

生姜根系较浅而不发达，吸水能力较弱，难以利用土壤深层的水分，因此其不耐干旱，且雨季来临时，生姜亦不耐涝。若使生姜健壮生长，在栽培中须根据生姜的需水特性进行合理浇水。

1. 发芽期

底水要浇透，以保证生姜顺利出苗。初水要适时，应根据当地的气候、土质及墒情灵活掌握。如为沙质土壤，保水性一般较差，天气干旱时，土壤蒸发快，往往种姜尚未出苗土壤已十分干燥，在这种情况下，应酌情浇水，促进种芽出苗。通常直到出苗达70%左右时浇第一水，之后需经常保持土壤湿润，以防土壤表面板结而影响出苗。

2. 幼苗期

幼苗期兑水分要求比较严格，此时不可缺水。幼苗期植株生长量较小，生长缓慢，需水不多，因地膜具有良好的保墒作用，苗期不宜浇水太勤，且以膜下浇小水为宜，土壤见干见湿。幼苗生长后期已进入夏季，天气干热，土壤蒸发量大，水分消耗多，应适当增加浇水次数与浇水量。夏季以早晚浇水为宜，暴雨之后，及时清沟排水，做到雨过水干，以免姜田积水引起姜块腐烂。

在整个幼苗期，若供水不及时、不均匀，会导致姜苗叶片包裹、扭曲不展畸形，俗称“缩辫子”，影响姜苗的正常生长。

3. 旺盛生长期

在早晚适度大水勤浇，防止积水。立秋前后，地上大量发生分枝和新叶进入旺盛生长期，地下部根茎迅速膨大，植株生长快，生长量大，需水量增多，要始终保持土壤湿润，一般每4~5天浇大水一次以利于生长。生姜收获前3~4天浇最后一水，收获后少粘泥土，便于贮存。

姜田水分管理南方与北方地区不同：幼苗生长前期，气温较低，雨水较多，影响姜苗根系生长。为防止姜田积水和姜苗受涝，应搞好田间清沟排水工作，做到沟沟相通，雨后及时顺利排水，雨停水干，有利于姜苗生长。在幼苗生长后期，气温升高，水源不足的地方，在夏至前后结合中耕培土，用稻草、油菜秆等覆盖姜行畦面，可减少水分蒸发，保持土壤湿润。生姜生长后期最忌渍水，我国南方在 9 月以后，一般秋雨较多，此时必须清沟沥水防渍，为根茎膨大创造适宜条件。

此外，在水源不足的地方种植生姜，为节约用水，可实行喷灌。研究显示，喷灌不仅有利于生姜生长、提高产量，还可使营养品质得到提高。

（二）施肥

生姜需肥特性，对钾肥需求量大，对磷肥需求量较小，前期生长较缓慢，植株矮小，需肥不多，中后期生长旺盛，需肥量大。因此，生产上要施足底肥、多次追肥。

1. 施足底肥

在冬季进行深翻冻垡的基础上，春季及早进行精细整地，使土壤达到无明暗坷垃，上松下实，以利根系生长发育。结合整地撒施优质腐熟鸡粪 3~4 立方米或优质圈肥 5 000~10 000 千克，或有机肥 500~1 000 千克、生物菌肥 2~4 千克，中锌肥 2 千克、硼肥 1 千克，然后精细整地，开沟起垄。

2. 追肥

原则为勤施薄施，由淡到浓。①幼苗期植株生长量小，需肥量小，故前期不用追肥。但幼苗期很长，为使幼苗生长健壮，通常于苗高 25~30 厘米，具 1~2 个小分枝时，进行第一次追肥，称为“壮苗肥”，每亩可施冲施肥 10~30 千克（以氮肥为主）。②在姜苗处于三股杈时期，进行第二次追肥。此次追肥对生姜产量形成十分重要，称为大追肥或转折肥，对促进根茎膨大并获得高产起重要作用，是获得丰产的关键。7 月上中旬揭去地膜，一般在立秋前后进行追肥，要求肥料营养全面、量大、肥效持久。每亩可施腐熟饼肥 50 千克，或有机肥 300~500 千克，另加复合肥 10~15 千克，硫酸钾 30 千克，在姜苗一侧距植株基部 15~20 厘米处开一施肥沟，追肥后及时封沟浇水。③ 9 月中旬可根据姜苗长势，再追施一次“壮姜肥”或“膨大肥”，这次追肥一方面促使茎叶茂盛，保持较强的同化能力，使生姜根茎迅速膨大；另一方面可以延长生育后期叶片功能期，防止生长后期脱肥而导致茎叶早衰而影响产量。适量追施钾肥或氮肥，并对地上部进行叶面追肥，每 7~10 天喷一次，连喷 3~4 次。

（三）中耕培土

生姜根系浅，只宜浅耕，防伤根诱发病害。生姜生长期间要多次中耕除草和培土，除草、培土、追肥可同步进行。土层疏松的可以免耕，但要培土，防止姜块露出地面。

在生姜有 3~5 个分枝，且根茎未露出地表时进行第一次培土。一般在 6 月下旬，培土约 2 厘米厚，不能太厚，以免影响根系的透气性，造成生姜新芽生长受阻，分枝减少，根茎生长缓慢。第一次小培土后约 20 天以后进行第二次培土，此次培土也不能太厚，厚度 2~3 厘米。第二次培土后15~20 天进行第三次大培土，也就是在大暑前后，拆去荫棚或遮阳物，结合追肥，再进行一次培土，使原来的沟培成垄，垄高 10~12 厘米，宽 20 厘米左右，称“倒姜沟”。培土可防止新形成的姜块外露，使姜块大、皮薄、肉嫩。以后若发现有姜芽露出也应及时培土，保证姜块正常生长。

（四）适时遮阳，促进生长

生姜属耐阴作物，阳光直射影响幼苗生长，播种后采用遮阳网或人工荫棚的方式遮阳。生姜出苗达 50%时及时进行姜田遮阳，促进姜苗健壮生长。

1. 遮阳网遮阳

该方式遮阳均匀一致，不破坏地膜的完整，便于田间管理，姜苗生长势旺。

具体方式有：①农膜打孔遮阳网：选用黑色带孔农膜，拉于生姜行间，用竹、木固定；②条幅立式遮阳网：将遮阳网成幅立式拉于生姜行间，用竹、木固定，与插姜草方式类似，幅宽60~65厘米，可选择遮光率为40%遮阳网；③高位棚式遮阳网：利用水泥柱、竹竿扎成中间高2米、两侧稍矮些的拱棚架，扣上遮阳网（这样的高度既不影响透风，又不妨碍后期网下作业），宜选择遮光率为30%的遮阳网。

2. 减少柴草遮阳

大多姜农习惯插姜草遮阳，多用槲柴、玉米秸等作姜草，因柴草多带病虫残体，特别是玉米秸内越冬的玉米螟虫随插姜草而被带入姜田，增加了姜田螟虫基数，加重生姜螟虫发生程度，不利于姜田病虫防治，且插姜草费工费时。

第四节　生姜主要病虫害及防治

一、生姜病害

（一）姜腐烂病

又称姜瘟病，生姜产区中最为常见，而且普遍发生的一种毁灭性病害。发病地块一般减产10%~20%，重者达50%以上，甚至绝产，对生姜的生产构成严重威胁，为制约生姜发展的一大因素。

1. 发病症状

该病主要为害生姜的根茎部，发病时病部出现水渍状病斑，随着病情发展，病斑变为黄褐色，并失去光泽，内部组织开始腐烂；叶片最初表现为下垂无光泽，而后由下而上变为枯黄色，叶缘卷缩最终枯死，最后植株失去吸收能力而枯死（如图 2–2）。

图 2–2　姜瘟病发病症状

2. 病原与发病规律

该病由细菌青枯假单孢侵染引起。病菌主要在种姜病部内越冬，生长期间借灌溉水、雨水及昆虫等传播，从植株茎基部和生姜的自然裂口或机械伤口侵入，高温、多雨病害发生重。初发病时，植株叶片变黄，萎蔫，反卷，变黄部分和绿色部分之间界限不明显。病叶由基部向上发展，最后整株变黄枯死。茎基部和地下根茎部受害处稍微变软，淡褐色，水渍状。发病后期，内部组织呈糜烂状，溢出灰白色汁液，仅留下完整的表皮。在茎基部和姜块腐烂后，常因腐败性细菌进一步侵入，出现恶臭。

3. 防治措施

生姜腐烂病发病期长，传播途径多，防治较为困难，因而在栽培上应以农业防治措施为主，辅之以药剂防治，以切断传播途径，尽可能控制病害的发生与蔓延。

主要防治方法：①在种植时用波尔多液对种姜进行消毒处理；②春季气温回升用棉隆进行土壤熏蒸，消灭病菌，用净水浇水、施用无污染肥料；③当田间发现病株后，除应及时拔除病株带出田间烧毁，并挖去带菌土壤，在病穴内撒施石灰，然后用干净的无菌土掩埋；④病情爆发期，可用灭菌威、根腐灵、敌克松、菌康等药剂灌根防治。

（二）生姜茎基腐病

又称姜腐霉根腐病，俗称黄苗子、烂脖子病，一般在 5 月中旬开始发病，雨季进入发病高峰。如果遇到雨水较往年偏多，有的地块生姜腐霉根腐病则会大面积发生。

1. 发病症状

生姜茎基腐病发病初期，茎基部出现大小不等的水渍状斑，逐渐扩大，叶片发黄，发病后期病斑环绕茎基部一周，导致茎基部组织逐渐腐烂（图 2–3）。由于水分养分运输受阻，地上部主茎由上而

图 2–3 生姜茎基腐病发病症状

下干枯死亡，叶片发黑脱落，呈枯萎状，湿度大时扒开土壤，在病部和土壤中可见白色棉絮状物，严重时开始死株，为害极大。

2. 病原与发病规律

该病由鞭毛菌亚门的真菌群结腐霉侵染引起。病菌以菌丝体在种姜或在病残体上越冬，病姜种、病残体是此病的初侵染源。高温高湿有利于生姜茎基腐病的发生，适宜的发病温度为20～25℃。条件适宜时产生游动孢子借雨水和灌溉水传播。一般雨水较多，温暖潮湿的季节发病较重；常年连作地块，土质黏重，种植密度过大，田间通透性差，管理粗放，经常大水漫灌发病较重。

3. 防治措施

①选用无病虫、无霉烂的种姜，防止病虫传播，保证苗全苗壮；②播种时，用40%的福星乳油8 000倍液浸种；③选择地势平坦土质较疏松的壤土地栽培，合理密植，加强肥水管理，冲施高钾肥，促进植株健壮生长，雨后及时排除田间积水；④发现病株及时清除田间病残体带出田外销毁，挖去带菌土壤，在病穴内撒施石灰或周围用甲醛喷淋，然后用干净的无菌土掩埋，或发病初期可用25%嘧菌酯悬浮剂1 500倍液喷雾或2 000倍液灌根，每株灌药液100～150毫升；或72.2%霜霉威盐酸盐水剂750倍液喷雾或1 000倍液灌根。

（三）生姜枯萎病

1. 发病症状

姜枯萎病主要为害地下块茎，导致块茎变褐腐烂，从土中挖出病块茎，其表面常长有菌丝体。地上部叶片常发黄枯萎死亡。

2. 病原与发生规律

该病由半知菌亚门真菌的腐皮镰孢侵染引起。病菌以菌丝体和厚垣孢子随病残体在土壤中越冬，翌年条件适宜时产生的分生孢子，借雨水溅射和灌溉水传播。由伤口侵入，进行再侵染。常年连作，地势低洼，排水不良，土质黏重，施用未腐熟的有机肥，雨后易积水均会导致发病严重。

3. 防治方法

①选地势较平坦，排水良好地块种植，施足充分腐熟的有机肥，加强肥水管理，促进植株健壮生长，雨后及时排除田间积水；②收获后及时清除田间病残体；③发病初期，可采用下列杀菌剂或配方进行防治：3%甲霜恶霉灵水剂600~800倍液，或70%恶霉灵可湿性粉剂2 000倍液，兑水灌根，每株灌药液200~300毫升，视病情隔7~10天灌1次。

（四）姜斑点病

1. 发病症状

主要为害叶片。叶片上病斑梭形或长圆形，长3~5毫米，边缘褐色，中央黄白色并变薄，易破裂或穿孔，后期病斑表面产生许多小黑点。发病严重时，全叶星星点点布满病斑。

2. 病原与发生规律

致病菌为姜叶点霉。病菌以菌丝体和分生孢子器随病残体遗落土中越冬。翌年产生出分生孢子侵染姜叶片，引起田间发病。发病后病部产生的分生孢子借风雨传播进行再侵染，条件适宜病害发展会很快。温暖多湿，株间郁蔽，田间湿度大，易于发病。病害发生和发展与降雨次数多少、雨量大小密切有关。

3. 防治方法

①结合整地，施足底肥，多施有机肥，避免过量施用速效氮肥；②加强肥水管理，培育壮苗；③发病初期，用70%甲基托布津可湿性粉剂和75%百菌清可湿性粉剂等量混合600倍液，或30%嘧菌酯1 000倍液，或25%阿米西达悬浮剂1 500倍液喷雾，每亩用液50千克，对发病中心进行重点喷雾，隔6~7天喷一遍，连续防治3~

4 次。

（五）生姜叶斑病

1. 发病症状

姜叶斑病主要为害叶片，叶片上病斑呈不规则形，中间灰白色，边缘褐色，发病严重时多个病斑融合成大斑，导致叶片干枯死亡。

2. 病原与发生规律

该病由半知菌亚门真菌的链格孢菌侵染引起。病菌在病部或病残体中越冬，条件适宜时病菌借气流或雨水传播，进行侵染；温暖多雨的季节发病重，种植密度过大，田间通透性差，管理粗放发病重。

3. 防治方法

①合理密植，加强肥水管理，雨后及时排除田间病残体，增施充分熟腐的有机肥，合理配方施肥；②发病初期，可采用下列杀菌剂或配方进行防治：70%代森锰锌可湿性粉剂 700 倍液；或 10%苯醚甲环唑水分散粒剂1 000倍液；或 75%百菌清可湿性粉剂 600～800 倍液喷雾，视病情隔 7～10 天喷 1 次，注意交替轮换用药。

（六）姜炭疽病

1. 发病症状

该病主要为害叶片。其典型症状先从叶尖及叶缘出现水渍状褐色小斑点，而后向下、向内扩展成数个椭圆形或梭形不规则形褐斑，表面有云纹。发病严重时病斑连合成斑块，使叶片变褐干枯，潮湿时斑面出现小黑点。

2. 病原与发生规律

由半知菌亚门真菌辣椒刺盘孢侵染引发。病菌以菌丝体和分生孢子盘在病部或随病残体在土壤中越冬，在南方，分生孢子在田间寄主作物上辗转为害，无明显的越冬期。病菌分生孢子在田间借风雨、昆虫传播。常年连作地块，种植过密，田间通透性差，湿度大，偏施氮肥植株长势过旺，管理粗放有利于发病。

3. 防治方法

①彻底清洁田园，减少菌源，勿施用混有病残体堆制而未完全腐熟的土杂肥，深翻晒土；②施优质有机底肥，及时中耕培土，清除杂草降低田间湿度，适当增施磷钾肥，切勿与茄科或生姜科其他作物连作或邻作；③发病初期可选用凯润（吡唑醚菌酯）或45%咪鲜胺乳油1 000倍液，或80%多菌灵悬浮剂600倍液，或25%嘧菌酯悬浮剂1 500倍液喷雾，10~15天喷1次，连喷2~3次。

二、生姜虫害

（一）姜螟

姜螟（玉米螟）是大姜上最主要的虫害，又名钻心虫，其食性很杂，幼虫咬食嫩茎，可钻到茎中继续为害，使地上部茎叶枯萎，故又叫钻心虫。

1. 发生特点

苗期受害后上部叶片枯黄凋萎或造成茎秆折断而下部叶片一般仍表现正常，所以田间调查时可以清楚看见上枯下青的植株即为姜螟为害。这时找出虫口，剥掉茎秆，一般可见到正在取食的幼虫。幼虫体长1~3厘米，3龄前幼虫呈乳白色，老熟时呈淡黄色或褐色。

2. 发生规律

钻心虫喜中温高湿，高温干燥不利其发生，但是当大姜植株长到50厘米时，姜田开始郁闭，湿度变大，虫害也就更容易发生，在生姜长到20厘米左右时，第一代钻心虫开始为害，初孵幼虫先为害嫩叶，至3龄开始蛀茎，多在2~3节处蛀入，常造成心叶萎蔫或全株枯死。第二代钻心虫蛀茎多从中上部蛀入，尤以中部虫量为多。目前，姜田中螟虫多数是卵和1~2龄幼虫，还未进入茎秆中为害。

3. 防治方法

①利用姜螟发生在5~7月成虫趋光性的特点，可采用振频式杀虫灯进行诱杀；②在发生初期发现枯心苗，可找到虫口用刀将茎秆劈开杀死螟虫；③药剂防治要在虫卵孵化高峰期，螟虫尚未钻入心叶蛀食之前，叶面喷洒90%敌百虫800~900倍液；或敌杀死2 000~3 000倍液，或2.5%吡虫啉1 000倍液等喷施，亦可用这些药剂注入地上茎的虫口；④生物防治：赤眼蜂是大姜钻心虫卵期的主要天敌。在成虫产卵初期或初盛期每亩多次放蜂，防治效果很好。

（二）甜菜夜蛾

1. 发生特点

甜菜夜蛾幼虫1~2龄幼虫群集在叶背卵块处吐丝结网，啃食叶肉。3龄后分散为害，4龄后食量大增，4~5龄为暴食期。大龄幼虫白天潜伏在植株的根基、土缝间或草丛内，傍晚前后移到植株上取食为害，直到第二天早晨。幼虫主要取食生姜（寄主植物）的叶片，将叶片吃成空洞或缺口（图2-4），严重时整个叶片被咬食殆尽，只剩叶脉和叶柄，导致植株死亡，缺苗断垄，影响到作物的产量和品质。

2. 防治方法

①加强农业管理，及时清除土壤中的残枝落叶，及时中耕；②利用成虫具有趋光、趋化等特点进行诱杀防治。可采用20瓦黑光灯诱杀、性诱剂诱杀、杨树枝诱杀等；③甜菜夜蛾具有潜伏叶背、结网为害的特性，且甜菜夜蛾一般昼伏夜出进行为害，大龄幼虫具有极强的抗药性。因此，在清晨和傍晚进行喷药防治时必须保证植

图 2-4 生姜甜菜夜蛾病发病症状

株的上下、四周都应全面喷施，且必须在卵盛期至幼虫 3 龄以前进行防治。可选用的药剂有抑太保、氟铃脲、灭幼脲等，均对甜菜夜蛾有很好的防治效果，另外，甜菜夜蛾对有机磷、有机氯、菊酯类农药表现出较强的抗性，因此在使用这几类农药时要注意合理搭配、综合施用；④生物防治：目前较常用的有 Bt 制剂、Bt 杀虫变种、Bt 与苏云金杆素菌混合剂等生物农药防治。

（三）生姜根结线虫病

生姜根结线虫病俗称生姜癞皮病、姜蚧。随着生姜连作和大规模的种植，这种病有加重和扩大蔓延的趋势，并且在部分地区已上升为仅次于姜瘟病的第二大病害，对生姜的生产造成了巨大的影响，使发病重的姜失去食用价值。

1. 发病症状

生姜自苗期至成株期均能发病，发病植株在根部和根茎部均可产生大小不等的瘤状根结，根结一般为豆粒大小，有时连接成串状，初为黄白色突起，以后逐渐变为褐色，呈疱疹状破裂、腐烂。由于根部受害，吸收机能受到影响，生长缓慢、叶小、叶色暗绿、茎矮、分枝小，自7月上中旬开始即可显现出来，8月中下旬前后可比正常植株矮50%左右，但植株很少死亡。

2. 病原与发生规律

病原主要为南方根结线虫。在田间以卵或其他虫态在土壤中越冬，在干枯的大姜上可存活3年之久。气温达10℃以上时，卵可孵化，幼虫多在土层5~30厘米处活动。温度24~28℃时，25天可完成一个世代，适宜土壤湿度40%~60%，适宜土壤pH值为4~8。土温高于40℃或低于5℃时很少活动。

3. 防治方法

①合理轮作：种植生姜，最好选用新茬地，前茬作物以葱、蒜为最好；②改善土壤理化性状，土壤疏松、透气性好；③药剂防治：发病初期可用1.8%~2.0%的阿维菌素乳油800~1 000倍液灌根；全田间发病时，可每亩用5%阿维菌素微乳剂0.5千克，或1.8%~2%阿维菌素乳油1千克，随水冲施，全生育期可使用2~3次。

第五节　生姜收获与贮藏

一、收获

生姜的收获可分为收嫩姜、收种姜和收鲜姜3种。

（一）收嫩姜

收嫩姜即在根茎旺盛生长期，趁姜块鲜嫩时，提前于白露至秋分收获，从8月中下旬就可以陆续采收。广东、广西壮族自治区（全书简称广西）因气温较高，种得早，成熟快，7月便可开始采收。采收时间越早，组织越柔嫩，辛辣味越淡，但产量越低。此期生姜含水量较高，不耐贮藏。通常是先采收一些已发生姜瘟或有可能发生姜瘟的病株。北方地区一般不采收嫩姜。收获的嫩姜一般用于食品加工，可制作糖姜片、姜蜜饯或腌渍姜咸菜等。

（二）收种姜

种姜可与鲜姜一并在生长结束时收获，也可提前至幼苗后期收获，北方称为“扒老姜”，南方则叫“偷娘姜”，现多采用前一种方式。一般于10月中下旬，初霜到来之前，地上茎叶尚未霜枯时与鲜姜一同收获。

（三）收鲜姜

大田收获生姜的最佳收获期应在初霜后10~15天，此时收获生姜既不会冻伤姜块，又可充分利用生姜后期增产这一黄金时期。具体方法收获前3~4天，灌水一次，使土质疏松便于挖掘。若土质疏松，可抓住茎叶整株拔出，或利用专门工具将植株挖出，轻轻地抖掉根茎上的泥土，注意防止姜体的机械损伤。然后一手拿住挖出的根茎，一手将种姜与新姜相连处折断收获种姜，清除生姜须根和肉质根，自茎秆基部（保留2~3厘米地上茎）用刀削去地上茎。随即将带有少量潮湿泥土的根茎入窖贮藏，无需晾晒。

初霜收获当秋末气温在8~18℃时，秋高气爽，光照充足，昼夜温差大，正是形成产量的关键时期，适当延长生长期，提高产量。据试验，霜降后，每晚收一天，平均每亩增产30~60千克。因此，一定要掌握最佳的收获时机，切不可过早收获。

二、贮藏

生姜贮藏多采用挖窖贮藏，收获后的生姜用干净的河沙进行分层的贮藏保鲜。姜窖一般深5~7米，挖2~3个贮姜洞，周围用砖发旋，完成后姜洞高 1.5 米左右，宽度 1.5~2.0 米。窖内温度保持 11~13℃，空气相对湿度保持在 90%以上。生姜入窖前，应提前几天打开窖口通风换气，排去窖内过高的温、湿度，同时彻底清扫姜洞及窖底，若里面太干，应适当洒水保持湿润。为防治姜蛆，保持姜块姜头新鲜，可提前施用百菌清和多菌灵等杀虫剂对窖内进行杀虫处理。

生姜收获当天就要入窖摆放。摆放前先在窖底铺一层 4~5 厘米厚的河沙，然后把生姜集中码放，码放时要求生姜竖立排紧，保持生姜根部向下，小的插缝，2~3 层姜一层沙，沙厚2~3 厘米，最上层距离窖顶保持 30 厘米，整个过程要求轻拿轻放，切勿碰伤姜块。姜洞内放姜不要太满，占到整个贮姜洞的 2/3，以便于通风散热。

贮藏初期，不要封口，放置 10~15 天。姜收获后会经“圆头”过程，呼吸作用旺盛，释放较多的热量和水分，窖内高温、高湿，需人工送风加强通风换气，保证“圆头”过程顺利。

圆头之后，生姜呼吸作用减弱，半月后至井口封严前每 10~15 天检查一次，人员入窖前要注意先通风，防止发生伤亡事故。生姜入窖 20~25 天，于小雪前封住井口。一般在大雪前将石板盖严，冬至前后用土掩埋并拍实。

第三章 大蒜

第一节 概 述

一、大蒜的起源及我国种植情况

大蒜（*Allium sativum* L.）鳞茎类球形，直径 3~7 厘米，由 6~10 个小鳞茎着生在扁平木质鳞茎盘上抱合而成，外包1~3 层白色或淡紫红色膜质鳞叶，中央有干缩的花亭残基。小鳞茎瓣长卵圆形，顶端略尖，背面略隆起，外被膜质鳞叶，内为白色肥厚的肉质鳞叶，气特异，味辛辣。

（一）起源

大蒜原产于亚洲西部地势高燥的高原地带，为百合科（Liliacaea）葱属（*Allium*）两年生草本蔬菜，中国各地均有地方品种栽培，也是我国出口创汇的主要蔬菜之一。

大蒜最早在古埃及、古罗马和古希腊等地中海沿岸国家栽培，当时只是作药用，后来逐渐可以食用。在汉武帝时代公元前 116 年，张骞出使西域，引入陕西关中地区，后逐渐在我国中原地区大面积栽培，因其来自西域，故又叫胡蒜。9 世纪时传入日本，16 世纪前叶传入非洲和南美洲，18 世纪后叶北美洲也开始栽培，现已遍及世界各地。

（二）我国大蒜的种植与分布

目前，我国已成为世界上最大的大蒜生产和消费国。21 世纪初，我国大蒜年种植面积超过 960 万亩，占全球大蒜种植面积的 85%以上，是世界上种植大蒜面积最大的国家。现在我国各省、市、自治区均有栽培，分布极广。至 2016 年全国种植面积约 1 100 多万亩，主要生产基地集中在山东、河南、江西、广西、安徽等省区。其中，山东是我国第一大蒜产区，种植面积达 300 万亩，金乡县已成为我国大蒜生产加工的重要基地。此外，黑龙江町城、吉林农安、辽宁开原、河北永年和安国、山东苍山、甘肃径川以及西藏自治区（全书简称西藏）拉萨等地都是有名的大蒜产区。受地理位置和气候条件影响，临近港口华北大平原山东、河南、江苏的三省接壤部分种植规模尤为突出。

我国出口大蒜的主要生产基地分布在山东、河南、江苏、广西、广东等地。我国大蒜无论是从品质上，还是从外观上均优于国外大蒜，加之国内劳动力成本相对较低，这些因素使我国大蒜在国际市场上具有较强的竞争力，出口数量逐年增长。目前，我国大蒜产业在国际市场已具有举足轻重的地位，出口已发展到从当初仅局限在周边国家到 125 个国家和地区。

二、大蒜的营养及药用价值

大蒜的主要食用器官鳞茎，风味独特，是常用的调味品，具有很高的营养价值和药用价值，而且具有很强的防病治病功效。

（一）大蒜的营养价值

蒜的可食用器官有鳞茎（蒜头）、叶（青蒜、蒜苗）、花薹（蒜薹）三部分。大蒜的幼嫩植株在光照下栽培时为青蒜，在无光照时为蒜黄，抽薹后为蒜薹，成熟时为蒜头。

大蒜的鳞茎营养丰富，黏辣郁香，可促进食欲。蒜头中的碳水化合物、蛋白质、磷、维生素 B_1 及烟酸含量较高；蒜苗中的蛋白质、K、维生素 A、维生素 B_1、维生素 B_2、维生素 C 及烟酸含量，蒜薹中的蛋白质及维生素 C 含量，蒜黄中维生素 B_1 及磷的含量均较高，并含有人体必需的多种氨基酸。据董丽花（2004）研究，每 100 克新鲜大蒜鳞茎含水分 63.8 克、糖 7.2 克、热量 577.3 千焦、蛋白质 5.2 克、脂肪 0.2 克、钙 10 毫克、磷 12.5 毫克、铁 1.3 毫克、烟酸 0.8 毫克、维生素 C 7 毫克、维生素 B_1 0.29 毫克、维生素 B_2 0.06 毫克，大蒜还含有硒和锗等人体不可或缺的营养成分。微量元素硒的含量在蔬菜中是最高的，达到 0.276 微克/克，一般蔬菜的含硒量仅为 0.01 微克/克。硒是人体必需的微量元素，并具有抗氧化功能，被认为有防癌作用。大蒜中锗的含量为 73.4 毫克/100 克，在植物中也是比较高的。

大蒜含有 0.2%的挥发油，内含蒜氨酸。蒜氨酸没有挥发性，也没有臭味，只有在切蒜时蒜氨酸在蒜酶的作用下才分解成有臭味的蒜辣素（大蒜素）。大蒜的独特辛辣气味可以解除鱼、肉的腥味，增进食欲，是膳食烹调中不可缺少的调味品。

（二）药用价值

大蒜性温，自古以来就被民间作为防疫治病的必备食品和药品。其具有暖脾、健胃、祛风、利尿、增加食欲、促消化、解毒、抗菌消炎的功效，在抗肿瘤、癌症、动脉硬化、冠心病、血栓等与氧化损伤有关的疾病中都发挥重要作用。现代医学研究发现，大蒜的种种功效主要来源于所含的含硫化合物大蒜素，其医疗保健作用有以下几个方面。

1. 广谱的抗菌作用

大蒜是广谱杀菌素，对为害人或畜、禽的多种病原菌有抑杀作用，如葡萄球菌、化脓性球菌、痢疾杆菌、大肠杆菌、伤寒杆菌、结核杆菌、白喉杆菌、炭疽杆菌、霍乱弧菌、脑膜炎及肺炎双球菌、链球菌等。

大蒜对为害植物的真菌性病害白粉病、猝倒病、枯萎病、疫病、灰霉病、斑枯病、炭疽病、立枯病，小麦锈病等的病原菌，有抑制其孢子萌发和菌丝生长的作用。此外，大蒜对一些为害植物的红蜘蛛、蚜虫、螨虫、线虫等害虫也有抑杀作用。

2. 预防心血管疾病

大蒜能降低血液中胆固醇浓度，延缓血管硬化，增加心肌收缩能力，扩张末梢血管，使动脉粥样硬化程度减轻，控制高血压，预防心血管疾病。

3. 预防糖尿病

大蒜可减少血液中糖的含量，保护肝功能，提高血液中胰岛素含量，预防糖尿病。

4. 有一定的防癌、抗癌作用

大蒜对乳腺癌、结肠癌、膀胱癌有预防作用。大蒜有较强的抗氧化作用，可有效清除活性氧自由基，保护生物膜结构的完整，防止细胞和组织的癌变。另外，大蒜还有阻断霉菌对亚硝胺合成的促进作用，减少因亚硝胺诱发癌症的可能性。

第二节　大蒜的生物学特性

一、植物学特征

（一）根系

大蒜为浅根性作物，其根为弦线状的肉质须根，着生在短缩的茎盘上，无主根，根多从蒜瓣基部的背面发出，腹面较少。根群主要分布在5~25厘米深土层中，横向分布30厘米左右。吸收水分和养分的能力均较弱，生产上具有喜湿、喜肥的特点，故在栽培过程中需勤浇水，并保证肥料供应。

大蒜在播种以前蒜瓣的基部已经形成根的凸起，播后的条件适宜可1周内发出30多条须根，以后根数量的增加缓慢。大蒜退母以后又可以发出一批新根，采收蒜薹以后，根数不再增加，根系开始老化。

（二）茎

大蒜真正的茎已退化为不规则的扁平盘状短缩茎，也称为盘茎。其可不断增大，是大蒜生长发育最活跃的部位。茎的节间短、营养生长阶段盘茎的边缘和下部着生肉质根，上面为叶和芽的原始体，顶端分化叶原基，其上环生叶片，新叶在内圈，老叶在外圈，生长点在中心被多层叶鞘包裹。到生殖生长阶段，茎顶端经一定的条件分化发育为花芽，抽生出花薹，而在花茎的基部内层叶鞘叶腋间形成侧芽，同时逐渐发育为鳞芽，即蒜瓣。随植株的生长和叶数的增多，茎盘逐渐加粗，但生长量较小。蒜头长成以后，茎盘组织在高温条件下逐渐木栓化、干缩硬化，成为蒜瓣的托盘。

（三）叶

叶由叶身和叶鞘两部分构成。成株的叶片数因品种而异，一般为9~13片，互生对称排列。叶片未展出前为折叠状，展出后扁平且狭长，肉质、暗绿色、叶面积较小，平行脉，叶形较直立，表面有蜡粉。叶鞘淡绿或绿白色，抱叠形成柱形的假茎，支撑上部叶片，起茎秆的作用。大蒜新叶从生长点分化出来，分化晚的叶片在老叶的叶鞘内层深处，分化较早的叶片在外层，叶鞘较长。大蒜幼苗期间，假茎上下部的粗度大体相同；鳞芽分化以后，由于鳞芽逐渐膨大，叶鞘基部逐渐增粗。鳞茎成熟时，基部所积累的养分经转移进入鳞芽，外层的叶鞘逐渐干枯呈膜状，干枯的叶鞘有利于蒜头的长期贮藏。

（四）蒜薹与气生鳞茎

蒜薹即花茎，为圆柱形，长60~70厘米。大蒜在幼苗期生长点就已分化花芽，到幼苗期终止时，叶腋里出现侧芽（鳞芽），经过短期分化后，蒜薹开始伸长。蒜薹由花梗和总苞两部分组成，当蒜薹从叶鞘中心伸出，高出上部叶片10~20厘米并开始打弯时，便可采摘。

大蒜花茎顶端有上尖下粗的总苞，总苞开裂现出伞形花序。花序上一般没有花，或只有退化的花，所以不结种子，在花梗基部着生气生鳞茎。每个花序可生长几十个，又称蒜珠或天蒜，构造与蒜瓣类似，但体积较小，可用于选种繁殖。

（五）鳞茎

鳞茎即蒜头，是由茎盘产生的侧芽发育而成，由鳞芽（蒜瓣）、叶鞘和短缩茎3个部分构成，为大蒜的主要产品器官。鳞芽为短缩茎上的侧芽发育而成，鳞芽数目因类型品种不同而不同，早熟品种每个鳞茎由7~8个或10多个鳞芽组成，晚熟品种每个鳞茎由10~20个鳞芽组成。鳞芽由2层鳞片和1个幼芽组成，外层为保护鳞片，内层为贮藏鳞片，肉质肥厚，是蒜瓣的主要部分；中间为幼芽，顶端为发芽孔。大瓣品种蒜瓣大而少，鳞芽多集中在花茎周围最内层1~2叶腋中，鳞芽分2层排列；而小瓣品种蒜瓣小而多，呈内外交错多层排列，形成1个有10多个蒜瓣的鳞茎，发生在花茎外围第1~5层叶腋中。

鳞茎形状因品种而异，有圆、扁圆或圆锥形等多种。鳞芽多数近半月形，紫皮蒜稍短，白皮蒜较长。独头蒜形似圆球。

二、大蒜的生育周期

大蒜一般不结种子，主要以蒜瓣进行无性繁殖。不同的地区，大蒜的播种季节不同，一般可分为春播和秋播。春播大蒜的全生育期为90~100天时间；秋播大蒜的幼苗要经过一个冬天，全生育期延长到200~240天。春播大蒜与秋播大蒜的生长发育情况基本相同，生长发育时期可分为萌芽期、幼苗期、花芽鳞芽分化期、蒜薹伸长期、鳞茎膨大期、生理休眠期6个时期。大蒜的生长发育和器官形成有一定的顺序性，如果受到外界环境条件和本身原因的影响，花芽和鳞芽可以不分化、少分化或者多分化，从而分别形成复瓣蒜、少瓣蒜、独头蒜。

（一）萌芽期

大蒜萌芽期是从播种到芽鞘出土长出叶片为止。春播蒜需15~16天，秋播蒜需7~8天时间。大蒜栽种时，蒜瓣的基部已经露出幼根的凸起，叶鞘内包含5片幼叶。栽种后，土壤温度、湿度适宜，大蒜的吸收根可成束纵向生长，而后蒜瓣中央基部的胚芽萌发，穿出芽孔，芽鞘破土，长出幼叶。发芽期所需时间与品种、播期早晚、环境条件等有关。如休眠解除后，芽已露出再播种，条件适宜9~10天即通过发芽期。而刚通过休眠期播种，则需20天左右。大蒜在萌芽期为异养生长，所需营养来源于母瓣贮存的养分。

（二）幼苗期

大蒜幼苗期是从初生叶片展开到蒜瓣干瘪腐烂（称退母）为止。此期母瓣将养分供应植株的生长，本身逐渐萎缩、干瘪成膜状物，即“退母”。退母是大蒜植株幼苗期结束的形态标志。大蒜幼苗期生长时间长短，取决于播种季节。春播大蒜要25天，秋播的大蒜由于要越冬，苗期可达5~6个月之久。如山东省大蒜多在秋季播种，幼苗期包括越冬前的幼苗期、越冬期、返青期和烂母期，时间较长，150~165天。除去越冬停止生长的时间，幼苗期40~60天。幼苗期是营养生长阶段，生长点不断分化新的叶原基，新生叶片不断伸长与生长，营养体不断增大，为鳞芽、花芽的分化打下基础。到幼苗期末，叶原基分化结束，花芽和鳞芽相继分化。同时，在退母期前后，在茎盘的周围发生不定根。此期大蒜的根由纵向生长逐渐转向为横向生长，以便吸收水分和养分供应植株生长发育的需要，功能叶不断长出，进行光合作用。植株的生长由异养转变为自养，即所需的养分逐渐由母瓣供应转变为植株叶片通过光合作用合成。幼苗期末期，新叶分化结束，鳞芽、花芽分化开始。

（三）花芽鳞芽分化期

大蒜的花芽鳞芽分化期是从大蒜的生长点从花芽、鳞芽分化开始，到分化结束为止。花芽、鳞芽的分化，标志着大蒜由营养生长过渡到营养生长与生殖生长并进阶段。这期间，蒜的生长点长出许多小的突起，顶芽分化为花芽，逐渐形成花薹；同时在花芽的周围，第一二层叶的叶腋里长出鳞芽，每个叶腋可形成 2~5 个主副芽，鳞芽越多，蒜瓣也越多。此期，由于花芽和鳞芽的分化，植株需要大量养分，而母瓣的养分已经消耗尽，植株又不能完全靠自养，养分供求不平衡，所以植株 1~4 片老叶的尖部会枯黄，菜农也称这种现象为“黄尖”。

（四）蒜薹伸长期

从花序总苞开始长出叶鞘到采薹为止，也是蒜头膨大前期。它包括露尾和露苞两个阶段，经 25~30 天。此期大蒜叶片的营养生长和蒜薹的生殖生长同时进行，鳞芽也缓慢生长，是生育的盛期阶段。蒜薹在生长中期以前生长缓慢，中期以后加快生长。叶片一直处于旺盛生长期，但叶片数不增加，只是将已经分化的叶全部长出，叶面积、株高达到最大值。这期间蒜头也随之膨大，鳞芽的生长速度在蒜薹采收前 1 周才大大加快。此期生长量大，是水肥管理的关键时期，要求必须有充足的肥、水供应。

（五）鳞茎膨大期

鳞茎膨大期是从采收花茎到鳞瓣发育成熟收获为止，经 20~25 天。采薹以后，植株生殖生长的优势被消除，营养物质大多供应鳞芽，叶片保持旺盛生长，鳞茎迅速膨大。生长后期，叶片由绿变黄，植株长势衰退，营养物质逐步下运至鳞茎；到末期，蒜头膨大趋向缓慢。每个蒜瓣都有数层鳞片包围，外层鳞片的养分集中向最内的一层鳞片运输，最内的一层鳞片变得十分肥厚，外层鳞片则变成干瘪的膜状。根的生长量不再增加，趋向衰退。地上部分逐渐枯黄变软，重量减轻。

（六）生理休眠期

大蒜的生理休眠期长约 3 个月，从采收蒜头后到蒜瓣萌发为止。

在大蒜生长后期，叶鞘、外层鳞片的养分都转运到蒜瓣中，而本身变为包在外面的膜。在大蒜的生理休眠期间，即使具有适宜大蒜萌发的温度和湿度，蒜瓣也不会萌芽发根。休眠期长短与品种特性有关，基本 50~90 天。休眠期过后，叶鞘和叶原基便开始活动生长，只要条件适宜，幼芽即在鳞瓣中生长。如需继续贮藏，可对其进行强迫休眠，人为地改变大蒜萌芽的适宜条件。但如果为了使青蒜及早上市，则需打破休眠。一般采用方法为剥除包裹蒜瓣的薄膜或切除蒜瓣尖端一部分。

三、大蒜对环境条件的要求

（一）温度

大蒜喜好冷凉，其适应温度低限为-5℃，高限为 26℃。大蒜经生理休眠期后，温度 12℃以上适宜蒜瓣的萌发，在 3~5℃的低温下也能萌发。大蒜幼苗期生长的适宜温度为 12~16℃，温度过高，呼吸作用强，消耗养分多，叶片的组织老化、纤维多。蒜瓣形成的适宜温度为 15~20℃；10℃以下，生长缓慢；25℃以上，植株生理失调，茎叶逐渐干枯，地下鳞茎也将停止生长。总的来讲，大蒜生长的适宜温度在 12~25℃。大蒜可耐-10℃的短期低温，不同品种对低温的忍耐力不同，白皮蒜耐低温的能力较强。植株的不同发育阶段，对低温的忍耐能力也不同，4~5 片叶的幼株对低温的忍耐能力最强。苗过小，积累的营养物质少，耐寒的能力降低；苗过大，生长消耗养分过多，耐寒能力也低。

大蒜是绿体春化型蔬菜，幼株在 0~5℃低温范围，经过 30~40 天完成春化作用。以后气温升高，就可抽薹分瓣。春季播种期延迟，不能满足春化作用所需的低温，不能形成花芽，以后只可形成独头蒜。若秋播大蒜播种过早，当年感受低温而分瓣，在以后的低温下，幼小的鳞芽可再感受低温而通过春化，第二年就会形成复瓣大蒜而失去商品价值。

（二）光照

大蒜的抽薹必须通过光照，一定的日照长度是鳞茎形成的必要条件。在大蒜通过春化阶段以后，在15~19℃的长日照条件下抽薹，并促进鳞茎的形成。大蒜的品种不同，对日照时数的要求也有一定的差异。北方的品种对日照时数要求严格，一般要求在14小时以上日照；南方品种对日照时数的要求低些，在13小时左右。在短日照而冷凉的条件下，只适于茎叶生长，鳞芽形成则受到抑制。所以春播或秋播，都需经过低温及长日照的条件。在日照长度12小时以下且温暖的条件下栽培大蒜，可栽培青蒜上市；无光条件下大蒜的产品为蒜黄。

（三）水分

大蒜的叶片为带状，表面有蜡粉，叶面积小，具有耐旱的特征。但大蒜的根系分布范围也小，根毛少，分布浅，根系吸水吸肥的能力较差。所以大蒜要求湿润、肥沃的土壤环境，尤其是在出苗以前和鳞茎膨大期，兑水肥要求更严格。

出苗以前，水分充足，可保证出苗的整齐。在播种前后对土壤温度要求较高，使其迅速萌芽发根，幼苗前期要减少灌水，加强中耕松土，促进根系发展，防止种瓣湿烂。叶片旺盛生长期、花茎伸长期和鳞茎膨大期需要较多的水分，要多浇水，保持土壤湿润状态；为在采蒜薹时不易折断，在接近采薹时要控制浇水，采蒜薹后立即浇水，促进植株和鳞茎的生长。在鳞茎的膨大期，要求大量的水分，使养分顺利地运入鳞芽；在鳞茎充分膨大以后，接近成熟期将采收时，要控制浇水，降低土壤湿度，促进蒜头的老熟，提高其耐贮性，以免因高湿、高温、缺氧引起烂脖散瓣、蒜皮变黑，从而降低品质。

（四）土壤和养分

大蒜土壤种类要求不严，以土层深厚、有机质丰富的微酸性沙质壤土最为适宜。土壤肥力差、有机质含量少、碱性大、早春返碱的地块，不宜种植大蒜。土壤酸碱度最适值为 pH 值 5.0~6.0，过酸根端变粗，停止延长生长，过碱则种瓣易烂，小头和独瓣蒜增多，降低产量。

在苗期，大蒜所需的养分主要由母瓣供应，所以在苗期不用施速效化肥，施用农家有机肥作基肥即可，还能有效改善土壤的理化性质。在叶片生长的旺盛期以及鳞茎膨大的前、中期，需要较多的养分，这个时期一定要保证水肥供应充足，满足植株、蒜薹生长及鳞茎膨大的需要。

由于大蒜根系的吸肥力弱，施肥时要掌握少量多次的原则。大蒜的前茬要避开大葱、洋葱、韭菜等葱蒜类蔬菜。

第三节　大蒜类型及主要的栽培品种

我国大蒜品种资源丰富，其栽培类型按照鳞茎外皮的颜色可分为紫皮蒜和白皮蒜两种类型。

一、紫皮蒜

（一）特点及分布

外皮浅红色或深红色，蒜瓣少而大，一般 4~8 瓣，辛辣味浓，产量高，品质佳，耐寒性较差，适于春播，多分布在东北、西北、华北等地。

（二）优良品种

1. 阿城大蒜

为黑龙江主栽品种，早熟耐寒，味辛辣，蒜汁黏稠，品质优良。植株生长势强，叶色浓绿，蒜薹粗壮。大瓣种，每头5~7瓣。鳞茎外皮紫红色，平均单头重25克左右，横径3~5厘米。

2. 蔡家坡紫皮蒜

为陕西主栽品种，味辛辣、味浓，品质优良。具有早熟高产的特点，宜作青蒜、蒜薹和蒜头栽培。植株生长势强，叶色浓绿，较耐寒，鳞茎膨大对日照长度要求中等，叶片较宽，叶鞘较长，蒜薹粗大。为大瓣种，每头7~8瓣。鳞茎外皮紫红色，平均单头重约60克，横径4.5~6厘米。

3. 开原大蒜

质脆味辣，品质优良。植株生长势强，叶色浓绿。大瓣种，每头4~6瓣。鳞茎外皮紫红色，单头重35~60克。

4. 金乡紫皮蒜

由苏联引入我国，又名杂交蒜、苏联大蒜，香辣味中等，以生产蒜头为主。该品种蒜皮红色，鳞茎肥大，横径4.5~7.0厘米，单头重45~80克。植株可高达85厘米，假茎粗1.5~2.0厘米，假茎高40~50厘米。叶色深绿，叶片长50厘米以上，叶宽3~4厘米。蒜薹较细，黄绿色，纤维少，品质好，但其耐贮性差。

此外，还有山东嘉祥紫皮大蒜、河北定县紫皮蒜、上海嘉定大蒜、浙江杭州白皮大蒜、云南云顶早蒜等地方品种仍在生产上使用。江苏大丰三月黄、贵州毕节白蒜、河北永年大蒜、山西应县大蒜、河南临颍的宋城白蒜等，都是有名的出口外销品种。

二、白皮蒜

（一）特点及分类

外皮白色，有大小瓣之分，蒜头大，辣味淡，成熟晚，耐寒，耐贮，多适于秋季栽培。大瓣种是生产上的主栽类型，以生产蒜头和蒜薹为主，每头5~10瓣，味香辛，产量高，品质好；小瓣种辣味较淡，每头10瓣以上，产量低，叶数多，假茎较高，适于蒜黄和青蒜栽培。

（二）优良品种

1. 苍山大蒜

山东苍山县（又名兰陵县）地方品种，属于大瓣种，有悠久的种植历史，是山东名产蔬菜之一，也是我国大蒜的重要出口品种。中晚熟品种，适应性广，耐寒性好，长势强，耐贮藏。是薹、蒜兼用的品种，一般鲜蒜头可达800~1 000千克/亩，蒜薹粗大，500千克/亩左右。

具有头大瓣少、皮薄洁白、味辣辛香、高产、优质等特点。蒲棵、糙蒜、高脚子3个品系苍山大蒜在生产上种植较多，蒲棵品系栽培面积最大。株高一般80~90厘米，假茎高约35厘米，10~12片叶片。蒜薹长60~80厘米，单薹平均重25~35克。苍山大蒜皮白色，多为6瓣，内外三层，瓣内皮稍呈赤红色，蒜头横径约4.5厘米。

2. 金乡白蒜

从苏联大蒜中人工选择而来，以生产鳞茎为主，蒜皮洁白，辣味中等。该品种植株高大，一般株高85厘米，假茎粗1.5~2.0厘米、高 40~50 厘米，叶色深绿，叶片长 50 厘米以上、宽 3~4 厘米。蒜薹较细，黄绿色，品质好，纤维少，但耐贮性差。鳞茎肥大，横径 4.5~7.0 厘米，单头重 45~80 克。

3. 嘉定白蒜

上海市嘉定地方品种，已有 700 多年栽培历史，是我国大蒜出口历史久、出口量较大的品种之一。适宜于长江中下游地区栽培。

有嘉定 1 号、嘉定 2 号两个品系，以白、辣、脆著称，蒜头肥大、色泽洁白、肉质脆嫩、辣味较浓是其共同特点。其中嘉定 1 号白蒜丰产性好，休眠期长，适应性较广，耐贮运。嘉定 2 号蒜头大，蒜薹壮，产量高，成熟较早。亩产蒜头可达 600~700 千克、蒜薹 250~300 千克。

4. 白皮马牙蒜

小瓣种，是吉林农安等地农家品种。生长期长，为中晚熟品种，抽薹率低，适于腌渍和蒜苗栽培。植株直立，叶片狭长，蒜皮白色，蒜瓣狭长，辣味较淡，品质优良。每头 8~9 瓣，多者 10 余瓣。

5. 拉萨白皮大蒜

适应性强，主要于高寒地区栽培，具有抽薹率低，蒜头耐贮的特点。植株生长粗壮，蒜皮白色，鳞茎肥大，每头 20 余瓣，多者 30 余瓣，鲜重可达 250 克。生长期间地上部易分杈。

第四节　大蒜栽培制度及栽培技术

一、大蒜栽培制度

头（薹）用大蒜多以一年一茬露地或地膜覆盖栽培为主。在大蒜秋播区，为提高生产综合效益，大蒜可与其他作物进行间作套种。

为充分利用温光资源，间作套种时，既要考虑安排适宜的大蒜株行距，使之既适于间套作物的生长，又要有利于大蒜生长。秋播大蒜前茬以玉米、豆类及各种喜温的瓜菜为主，稻区可以和水稻轮作。在生产上经常采用的间套模式有以下几种。

（一）大蒜—菠菜—西瓜或冬瓜—矮生豇豆

该种植模式为山东金乡县大蒜主产区的生产方式，即在大蒜田的畦背上播种菠菜，菠菜2—3月收获，在大蒜收获前，套栽西瓜，并在西瓜田间播种矮生豇豆的四作四收生产模式。播种大蒜的畦面宽1.9米，畦背0.3~0.35米，大蒜出苗后播种菠菜。西瓜（冬瓜）于4月播种育苗，5月栽植。大蒜收获后播种豇豆，西瓜（冬瓜）于7—8月收获，豇豆于8—9月收获。

（二）大蒜—菠菜—南瓜—早熟菜花

做180厘米宽的畦，于靠畦一侧（约1米）的6行种大蒜，行株距20厘米×10厘米，剩余的80厘米空当内开沟播种3行大叶菠菜。11月陆续开始收获菠菜，至翌年3月可收获完毕。然后施肥、整地做成小高垄，其上覆地膜，于4月中旬按株距50厘米定植1行南瓜（南瓜于3月中旬育苗）。收获大蒜后把南瓜秧引向空畦，理顺蔓叶、压蔓、留瓜，7月下旬南瓜拉秧，可及时整地定植早熟耐热菜花。

（三）大蒜—生姜套作

选择生育期长的白皮蒜，进行垄栽，垄台上种蒜，垄沟里种姜。大蒜50厘米大垄双行，每个垄沟里单行种植生姜。生姜苗期需要遮阳，垄台上大蒜植株可以起到遮阳作用。春播大蒜一般于2~3月播种，姜5月播种。

常见青蒜苗与其他作物间作套种模式为马铃薯—青蒜苗—越冬

甘蓝一年三熟高效栽培模式茬口安排：3月上中旬播种马铃薯，6月中下旬收获。7月上中旬播种青蒜苗，9月上旬收获，7月下旬至8月上旬进行甘蓝播种育苗，9月中旬定植，露地越冬，翌年2月下旬至3月上旬收获。

二、大蒜高产栽培技术

（一）播种时期

大蒜的播种期因地区和品种而异，可分为秋播和春播。以北纬35~38°为大蒜春播和秋播的分界线，北纬35°以南地区冬季不太寒冷，大蒜幼苗可自然露地越冬，多以秋播为主，来年初夏收获。北纬38°以北地区，冬季严寒，幼苗不能安全越冬，秋播易遭冻害，宜在早春播种，夏中或夏末收获。北纬35~38°的地区春、秋播均可。虽然各地的具体播种期不同，但春播日平均温度一般在3~6℃；秋播日平均温度在20~22℃。

秋播大蒜播种的最适宜时间一般在9月中下旬至10月上中旬，以日平均温度20~22℃为适宜。这个时候温度适宜，天气凉爽，适宜幼苗出土和生长。在大蒜的具体种植区域，山东省的适播期为寒露前后，也就是10月上旬，北京市和陕西省的适播期是白露结束至秋分开始前后。在这个时期播种，幼苗在越冬前能长到4叶1心，此期植株的抗寒能力最强，地膜覆盖栽培模式可安全越冬。具体播种时间切勿过早或过晚：播种过早，幼苗越冬前生长过旺，消耗蒜种养分多，抗寒性较弱，严重的话，还会再行春化，第二年形成复瓣蒜，失去商品性状；播种过晚，越冬前蒜苗过小，养分积累少，抗寒能力差，无法安全越冬。因此，秋蒜播种时必须严格掌握播种期。

春播大蒜，温度达到大蒜发芽所需低温时为最适播种期，即日平均温度上升至3~5℃。在适宜播种期内尽可能提早播种，这样可以使短促的生长期延长，幼苗积累养分多，温度升高时使其生长加快；若播种过晚，生长期短，生长点在温度升高时不能通过春化阶段，容易形成独头蒜、少瓣蒜和无薹分瓣蒜，影响产量。

（二）整地做畦

大蒜对土壤种类要求不严，以疏松透气、保水排水性好、肥沃的壤土为宜。当前作收后，应深翻晒垡，细致整地，开沟做畦。

（三）合理密植

适当密植是增产增收的基础，应按照大蒜品种的生长期长短播种做到适当密植。早熟品种生长期较短，叶数少，植株矮小，密度一般以亩栽5万株左右为好，行距为14~17厘米，株距为7~8厘米，亩用种150~200千克。中晚熟品种生育期长，植株高大，叶数较多，为充分利用光能进行光合作用，密度相应减小才能使群体结构合理。一般亩栽4万株上下，行距16~18厘米，株距10厘米左右，亩用种150千克左右。

（四）播种方法

播种前要做好选种及蒜种处理工作，从蒜头上选肥大形正的蒜瓣作种，如不能完全达到要求时，则需分大、中、小三级。播前用50%多菌灵兑水配成500倍浓度的稀释液，将种瓣浸泡10~12小时后捞出，沥干水分进行播种，可有利于苗全苗壮，并有效抑制病菌侵染。

大蒜播种一般适宜深度为3~4厘米，栽种不宜过深，过深则出苗迟，假茎过长，根系吸水肥多，生长过旺，蒜头形成受到土壤挤压难于膨大；也不宜过浅，过浅则出苗时易“跳瓣”，幼苗期根际容易缺水，根系发育差，越冬时易受冻死亡。由于大蒜的叶片生长具有方向性，蒜瓣的背腹连线与行向平行，长出的蒜叶正好与行向垂直（叶片生长的方向与蒜瓣背腹连线垂直），叶片向行间伸展，有利于叶片接受更多的阳光而不遮阴。

（五）地膜覆盖

大蒜播种后需及时浇足浇透水。在浇水后盖膜前喷一次除草剂，药剂可选用乙草胺、二甲戊乐灵、乙氧氟草醚等，也可是以上药剂的复配剂，喷雾时要均匀周到，做到不漏喷、不重喷。覆膜时可用水果刀或镰刀头背将地膜边缘压入土中，注意地膜要拉紧、铺平、贴紧地面，将地膜两边压牢，以防秋冬刮大风时将地膜揭起。

（六）田间管理

1. 放苗

播种后 7 天幼芽开始出土，在芽未放出叶片前，一般利用早晨或傍晚，气温低、地膜弹性小时用新扫帚等轻轻拍打地膜，蒜芽即可透出。地面平整、播种质量高、地膜拉的紧的，通过拍打，70%~90%的蒜芽可透过地膜，少量幼芽不能顶出地膜，可用小铁钩及时破膜拎苗，否则将严重影响幼苗生长。

2. 冬前管理

大蒜根系小、根毛少、分布浅、吸收能力弱，因而兑水分要求严格。播种后要及时浇足浇透水，以利于大蒜的发芽及地膜的覆盖；出苗后视墒情浇一次小水，以利苗全，打好越冬基础。大蒜苗期需要的营养主要由母瓣供应，故土壤中的有机质基肥足够供应大蒜苗期的肥料需求。

3. 返青期管理

惊蛰后气温回升，地温在 15℃以上时浇水，有利于促进大蒜的生长。结合浇水进行追肥，可每亩撒施 10~15 千克尿素，或 15 千克硫酸钾复合肥。早熟品种早追肥，中晚熟品种迟追肥，保持幼苗长势旺盛，茎叶粗壮，到烂母时少黄尖或不黄尖。

4. 蒜薹生长期管理

蒜薹露尾时，是大蒜需肥需水临界期。蒜薹刚一出尖时保证浇透水，满足大蒜出薹兑水分的需要。种蒜烂母后，花芽和鳞芽分化进入花茎伸长期。此期旧根衰老，新根大量发生，同时茎叶和蒜薹迅速伸长，蒜头开始缓慢膨大，需养分多，应结合浇水追施 20 千克硫酸钾复合肥或 15 千克尿素+10 千克硫酸钾。收薹前 3 天停止浇水，便于提薹。

5. 蒜头膨大期管理

采薹后是蒜头膨大盛期，采薹时保护好叶片和根系。这时以蒜头膨大增重为主，蒜薹拔完后应及时浇膨大水，保持土壤湿润，防止大蒜叶片早衰，以促进养分向鳞茎转移及蒜头膨大。蒜头收获前 6~7 天应停止浇水，促进蒜头老熟，防止蒜头散瓣。此次追肥以速效氮肥为主，磷、钾肥为辅，每亩冲施尿素或硫酸钾复合肥 15~20 千克。若前期底肥及追肥及时，此期可免追膨大肥，防止早熟和早中熟品种形成的蒜瓣幼芽返青，重新长叶消耗蒜瓣的养分而减产。

6. 适时采收

（1）采收蒜薹。蒜薹抽出叶鞘开始甩弯时，是收获蒜薹的适宜时期。采薹时间过早，易折断，商品性差，产量低；采薹过晚，虽然可提高产量，蒜薹组织老化，纤维增多，且消耗养分过多，影响蒜头生长发育。采收蒜薹在晴天中午和午后较为理想，此时植株有些萎蔫，叶鞘与蒜薹容易分离，并且叶片有韧性，不易折断。此外，提薹时应减少蒜叶损伤，特别保护好旗叶，防止叶片提起或折断而影响蒜头膨大生长。

(2) 收蒜头。收获过早，蒜头嫩而水分多，组织不充实，不饱满，贮藏后易干瘪，产量低；收获过晚，蒜头容易开裂，拔蒜时蒜瓣易散落，失去商品价值。采收标志：植株基部叶片大都干枯，上部叶片开始褪色，叶尖向叶身逐渐干枯下垂，假茎松软有韧性，出现倒状，表明蒜头已经成熟。收获时应轻拔轻放，不磕不碰，以免蒜头受伤，降低商品价值及贮藏性。收获后大蒜要及时晾晒，使其干透，又要防止暴晒，防止糖化。通常的方法：收获后的大蒜，在地里先进行晾晒脱水，成行摆开，后一行的蒜叶要搭在前一行的蒜头上，即只晒蒜叶不晒蒜头，晾晒 1~2 天后，把蒜须削掉（削时一定要削平、削净，且不伤蒜体），于通风处继续晾晒，待蒜秆八九成干时，在蒜秆 2 厘米以下剪蒜头，装袋，或蒜叶失绿干枯后编辫，于通风处继续晾晒，期间要注意防雨。大蒜收获后，及时清除残留的地膜。

三、青蒜(蒜苗)高产栽培技术

(一) 品种选择

栽培青蒜（蒜苗）主要是食用其幼苗，故应选择蒜瓣小的早熟品种，这样不仅节约用种，还能提早收获。因白皮蒜具有瓣小，数目多，耐寒、早熟、休眠期短的特点，白皮蒜多做南方地区青蒜栽培。

(二) 整地施肥

大蒜根系浅，吸收肥料能力较弱。种植前应施足有机肥，种植青蒜以土层深厚、肥沃、疏松、排水优良的沙质土壤为宜。结合深耕亩施腐熟堆肥 2 000~3 000 千克或厩肥 1 000~1 500 千克作基肥，翻压并碎土，筑2米宽左右畦，挖好排水沟，畦面要求保持平整、松软。

（三）种蒜处理

蒜头收获后，约有两个多月的生理休眠期。要提前播种使青蒜提早上市，必须打破蒜种的休眠期。大蒜打破休眠方法有如下几种。

1. 低温处理法

7月下旬至8月上旬，将蒜种装入塑料编织袋，吊入深井水中浸24小时，或用冷水浸洗后放在阴凉处，蒜瓣发根露芽时播种，也可将蒜瓣放在0~4°C低温下处理一个月。

2. 潮蒜催醒法

在播种前15~20天，将蒜瓣放在凉水中浸5~10分钟，捞出沥干后均匀平铺在阴凉潮湿的地上，厚度7~10厘米，每隔3~5天翻一次，温度保持11~16℃，相对湿度不低于80%。经15~20天大部分蒜种种根发白，即可播种。

3. 药物处理法

用150~200毫克/升的赤霉素溶液对种蒜进行浸泡处理，可解除蒜瓣休眠，促进大蒜提早出苗。

（四）播种时期及密度

7月下旬，露地遮阳播种伏青蒜，于中秋节前后上市；秋青蒜于8月下旬至9月上旬播种，可用风障和草苫防冻，元旦左右上市；阳畦青蒜可在10月上旬播种，后期用风障、薄膜和草苫保护越冬，供应2月上旬至4月上旬市场需求，风障畦播种青蒜苗可在11月上旬播种，蒜种在土内越冬，来年萌发形成青蒜，清明后上市。长江流域收青蒜的可以提早到8月中旬播种。华南地区收青蒜的9月至翌年1月播种。应根据市场需求分期分批播种，以利分批采收。播种后经过5~7天即可出苗，再过3天左右便可齐苗。

青蒜（蒜苗）适宜密植，一般株、行距为2~3厘米和13~17厘米，每亩用种量为250~350千克，播种后保墒促苗。

(五) 肥水管理

播种后浇1次透水，以促使蒜瓣发芽。出苗后再浇一次提苗水，使土壤湿润，确保蒜苗早出并整齐。齐苗后施速效肥1次提苗，以后视土壤墒情，浇水1~2次；结合浇水每亩追施尿素5千克、叶面喷施0.3%磷酸二氢钾2~3次，保持土壤显润，利于蒜苗生长。

(六) 适时采收

青蒜（蒜苗）食用部分为蒜苗的假茎和叶片，收获期不严格，一般长出4~6片叶后，随时可以收刨。一般苗高20厘米时可分批陆续采收。为延长供应期及商品性状一致性，采收时可采大留小，隔株采收。采收后要及时追肥，保证留下的植株可再施肥保长。早蒜出苗后适当蹲苗，之后以促为主，追施速效性氮肥。

第五节　大蒜主要病虫害及防治措施

近年来，随着蔬菜种植面积的逐年扩大、耕作制度及栽培生态环境不断变化，大蒜植株的抗性逐年降低，大蒜病虫害的发生产生了新的变化，某些病虫呈急剧上升趋势，加剧了对大蒜的为害，造成的损失越来越大。

一、大蒜主要病害及防治措施

(一) 叶枯病

1. 发病症状

主要为害叶或花梗。叶片发病初期从叶尖出现花白色小圆点，扩大后呈不规则或椭圆形，表现为灰白色或灰褐色，病部产生黑色霉状物，严重时病叶枯死，病害向叶茎蔓延，由植株下部向上扩展。

2. 发病规律

由大蒜叶枯病菌侵染致病。病菌主要以菌丝体和子囊壳随病残体在土壤中越冬，翌年散出子囊孢子借风、雨传播，进行初侵染，以后病部产生分生孢子，进行传播为害。

3. 防治方法

①实行轮作，不连作，对田间病株要及时清理。②种子处理：播种前种瓣用50%的多菌灵可湿性粉剂进行拌种，药剂用量为种瓣重量的0.3%。③发病初期每亩用75%百菌清可湿性粉剂100克，兑水稀释后喷雾2~3次进行防治。

（二）紫斑病

1. 发病症状

在田间主要为害叶片和蒜薹。贮运输期间为害鳞茎。田间发病病斑多从叶尖或花薹中部开始发生，初为白色小病斑，稍凹陷，中央微紫色，扩大为椭圆形至纺锤形、病斑为黄褐色。湿度大时，病斑上面产生黑色霉状物常形成同心轮纹，易从病部折断。贮运期间鳞茎受害，常从鳞茎颈部开始变软腐烂，呈深黄色或红色。

2. 发病规律

该病由香葱链格孢菌侵染致病，和大葱紫斑病菌为同一种真菌，其越冬、传播和发病条件同大葱紫斑病。

3. 防治方法

①播种前种瓣用50%的多菌灵可湿性粉剂进行拌种，药剂用量为种瓣重量的0.3%；②发病初期喷洒75%百菌清可湿性粉剂500~600倍液，或25%嘧菌酯悬浮剂1 500倍液，连喷3~4次。

（三）灰霉病

1. 发病症状

主要为害叶片。叶片病斑为长椭圆形，初呈浅褐色，后变为灰白色。湿度大时，病斑上密生较厚的灰色绒霉层，致使叶片变褐或呈水渍状腐烂。贮藏期间，蒜头会继续发病，蒜瓣干枯，表面长出灰霉。

2. 发病规律

由葱鳞葡萄孢菌侵染所致。病菌主以菌核潜伏在蒜田土壤中越夏、过冬。在低温高湿下产生孢子，传播侵染大蒜，冬前和翌春田间有两次发病高峰，以春峰为主。库藏蒜薹菌源主要来自田间，其次为库房内带菌。

3. 防治方法

①选择地下水位低、土壤排水性良好的地段种植，防止田间积水；②合理密植，增施磷、钾肥，避免过量施用氮肥及灌水，防止植株徒长；③田间发现中心病株后，及时拔除并喷布 50%托布津可湿性粉剂 500~600 倍液，或 50%扑海因异菌脲可湿性粉剂 1 000 倍液；④贮藏蒜薹的冷库和其中的货架，在使用前喷 1%~2%的福尔马林溶液或 0. 3%~0. 5%的漂白粉溶液消毒。

（四）锈病

1. 发病症状

主要侵染叶片和假茎。病部初为梭形褪绿斑，后在表皮下现出圆形或椭圆形稍凸起的霉孢子堆，表皮破裂后散出橙黄色粉状物，即夏孢子，病斑四周具黄色晕圈，后病斑连片至全叶黄枯，植株提前枯死。在冷凉、湿度大时发病重。

2. 发病规律

多因夏孢子在留种葱和越冬青葱及大蒜病组织上越冬所致。翌年入夏形成多次再侵染，此时正值蒜头形成或膨大期，为害严重。蒜收获后侵染葱或其他植物，气温高时则以菌丝在病组织内越夏。

3. 防治方法

①选用抗锈病品种，如紫皮蒜较耐病；②发病初期，选用70%代森锰锌可湿性粉剂1 000倍液加15%三唑酮可湿性粉剂200倍液。

（五）白腐病

1. 发病症状

又称菌核病，主要为害大蒜茎基部，发病初期病部水渍状，以后病斑变暗色，溃疡腐烂，发出酸臭味。湿度大时，病部表面长出棉毛状菌丝。后期病部形成不规则的黑褐色菌核。

2. 发病规律

由子囊菌亚门白腐小核菌真菌侵染所致。病菌以菌核在土壤中越冬，长出菌丝借灌溉、雨水传播，直接从根部或近地面处侵入。翌年3月，大蒜返青期开始发病，4月中下旬达到发病高峰期。低温、高湿发病快而严重，植株生长不良，连作、排水不良，缺肥地块发病重。

3. 防治方法

①收获后及时清除大蒜病株残体，带出田外深埋；②播种前种瓣用50%的多菌灵可湿性粉剂进行拌种，药剂用量为种瓣重量为0.3%；③发病初期用50%多菌灵可湿性粉剂500倍液、40%菌核净可湿性粉剂800倍液、70%甲基托布津可湿性粉剂喷雾防治，重点喷茎基部，隔7~10天喷1次，连续防治2~3次。

二、大蒜主要虫害及防治措施

大蒜虫害主要有葱蝇、种蝇、韭蛆等根部害虫，但是近几年来，美洲斑潜蝇、蓟马、和螨类等害虫为害逐年加重。

（一）根蛆

大蒜的主要地下害虫，常见的是种蝇的幼虫，其次是葱蝇的幼虫。幼虫大都在 4 月潜伏于土壤中蛀食大蒜鳞茎，引起腐烂、叶片枯黄、萎蔫，甚至成片死亡。韭蛆以幼虫群居于大蒜鳞茎处为害，最初外层叶鞘受害，外层叶鞘腐烂后，仅剩叶脉，并逐渐向内蛀食，造成蒜瓣受损，蒜头散瓣。

一般年份发生不普遍，对蒜蛆偏重发生的地块，可结合整地，在大蒜种植开沟时，每亩施草木灰 40 千克，施于沟内，能有效控制蒜蛆发生。当蒜蛆为害比较严重时，可用药物防治，防治方法是烂母时（此时田间散发酸臭味，引诱蛆蝇产卵）结合防治根部病害，每亩用 50%辛硫磷乳油 100 毫升，兑水稀释后，向大蒜根部灌药。

（二）葱蓟马

又叫烟蓟马、棉蓟马，主要为害葱蒜类蔬菜，还可以为害瓜类和茄果类蔬菜。主要以成虫和若虫潜藏在葱、蒜类蔬菜的叶鞘内及在杂草、枯枝、落叶和土缝中越冬。翌春开始活动，继续为害。成虫和若虫以锉吸式口器吸取叶片中的汁液。被害叶片形成许多长形的灰白色的斑点，严重时叶片扭曲、皱缩，叶类枯黄。

药剂防治：在 1~2 龄若虫为害盛期进行喷药防治，常用药剂有：1.8%阿维菌素乳油 3 000 倍液，或 10%吡虫啉可湿性粉剂 2 000~3 000 倍液，或拟除虫菊酯类药剂 4 000~6 000 倍液喷雾，隔 7~10 天喷一次，连喷 2 次。

（三）潜叶蝇

幼虫潜入叶片内后蚕食叶肉，使叶面上呈现出灰白色弯曲潜道，严重地阻碍大蒜的生长发育。

防治方法：①清洁田园；②在成虫产卵期用2.5%溴氰菊酯乳油20毫升/亩/次喷雾，或50%辛硫磷乳油600毫升/亩/次喷雾，注意轮换交替使用。

第六节　大蒜生产中常见问题

因受大蒜常年连作、气候变化、种植管理不当等多种因素的影响，大蒜异常生长现象每年都有不同程度的发生，有的属于生理异常现象，有的属于栽培管理不当。目前发生最普遍、对质量影响最大的是二次生长、洋葱型大蒜、管叶、抽薹不良等问题。

一、二次生长

（一）特点

二次生长又称次生蒜、马尾蒜、胡子蒜、冒樱子等。大蒜植株内层或外层叶腋中分化的鳞芽因不进入休眠而继续分化和生长叶片，形成次级叶丛，甚至产生次级蒜薹和次级鳞茎的现象，称为大蒜的二次生长（图3-1）。发生二次生长的蒜头形成畸形，蒜瓣排列错乱，且易松散脱落，既达不到出口标准，又影响国内销售，经济损失较大。

根据二次生长在大蒜植株上发生的部位，可分为外层型和内层型二次生长。

（二）原因

（1）种蒜的选用不当。遗传性是使大蒜产生二次生长的主要因素，所以栽种大蒜首先应该选用适宜本地区种植的大蒜品种。

（2）蒜种贮藏条件不当。大蒜应在温度20℃以上和空气相对湿

图 3-1　大蒜的二次生长

（陆帼一，1986）

度 75%以下的条件下储藏。低温高湿会提高大蒜外层型和内层型二次生长株率。

（3）播期不当。盲目提前播期，是大蒜二次生长的一个主要原因。培育适龄健壮苗，可减少二次生长的发生。

（4）蒜种处理不当。若播前将蒜种进行冷凉或低温处理播种，会促进大蒜内层和外层的二次生长。

（5）栽培管理措施不当。生产栽培中大肥大水和偏施氮肥，会造成大蒜产生二次生长。

二、洋葱型大蒜

（一）特点

洋葱型大蒜又称面包蒜、气蒜、公蒜。洋葱型大蒜为鳞茎的异常生理变态所形成的类似洋葱鳞茎结构的大蒜。该类型大蒜鳞茎由具叶身的叶鞘基部异常加厚，以及全部或部分鳞芽的外层鳞皮加厚所构成，无肉质鳞片或肉质鳞片极不发达（如黄豆大小或无）或形成部分正常鳞芽，可形成蒜薹或无薹分化，无任何商品价值及食用价值。

（二）原因

（1）基肥配比不当。基肥中氮、磷和钾配比不合理，尤其是钾肥过少，磷肥相对过多及追施氮肥时期过早、量过大是形成面包蒜的主要原因。防止面包蒜的措施是重视使用钾肥，氮、磷、钾配比合理及适期、适量追施氮肥。

（2）播期不当。大蒜蒜瓣的形成同时受温度、光照和养分等多方面的影响，盲目提前播种量，温度过高，抑制大蒜的正常萌发，也易引起面包蒜的形成。

（3）蒜种选用不当。遗传性是产生这种情况的主要因素，选种时首先应该选用适宜本地区种植的大蒜品种，种蒜应具备蒜头大，蒜瓣肥，并每瓣蒜分体明显，4~8 瓣构成一头。

（4）蒜种贮藏的条件不当。若蒜种在播前 30 天在室温14~16℃或 0~5℃，空气相对湿度 75%~100%的环境中贮藏，低温加上高湿将会使马尾蒜、面包蒜产生株率提高。

三、管叶

（一）特点

正常大蒜叶片是狭长而扁平的，“管叶”为中空管状，形似葱叶，近年来苍山大蒜的主产区田块管叶现象时有发生，发生株率一般在 5%左右，严重的地块达 20%左右。管叶发生的叶位愈向下，被套在管叶中的叶片数愈多，制造养分的器官愈少。此期植株正处于鳞茎肥大期，导致蒜薹、蒜头产量和质量显著下降。

（二）原因及预防措施

管叶现象的产生除了与品种特性有关外，还与蒜种贮藏湿度、种瓣大小、播期和土壤湿度有关。低温下贮存的蒜种，其管状叶发生率明显高于一般自然条件下贮存者；冬暖年倒春寒、播种期提前、种瓣大、土壤干燥等，也会促发管状叶的发生。

在预防上可采取以下措施：蒜种在室温下贮藏，避免长期处于15℃以下的冷凉环境中；选用中等大小的蒜瓣播种；适期晚播；保持适宜的土壤湿度，避免长期缺水。一旦发现管叶，可及时划开，以消除或减轻对蒜薹和蒜头的不利影响。管状叶还会使内层二次生长株率增加，即使及时划开管状叶，也难以消除这种影响。

此外，如蒜头开裂与散瓣等现象也经常发生，其原因可能与蒜瓣的生长膨大特性有关；外层型二次生长的蒜头一般多开裂由土壤黏重、排水不良，成熟后遇雨或收获前浇水过晚，收获过晚，贮藏不当等原因造成。

主要参考文献

刚静，王玉春，高杰，等，2008. 保护地大葱高产高效栽培技术［J］. 吉林农业，2：17.

高莉敏，陈运起，高秀云，等，2008. 大葱不同类型品种主要营养成分分析［J］. 山东农业科学，4：50-51，56.

高莉敏，2005. 大葱种质资源分类及其主要性状分析［D］. 泰安：山东农业大学 .

郭衍银，徐坤，王秀峰，等，2004. 生姜根结线虫病原鉴定及发生规律［J］. 植物保护学报，31（3）：241-246.

何启伟，苏德恕，赵德婉，1997. 山东蔬菜［M］. 第 1 版. 上海：上海科技出版社 .

来宽忍，赵凯，史双院，等，2004. 秋播大葱抽薹与播期、品种试验［J］. 陕西农业科学（5）：17-18，23.

李雷，2014. 浅谈大葱的生长习性及病虫害防治［J］. 农民致富之友（24）：102-102.

刘世琦，许莉，2007. 大蒜生产关键技术问答［M］. 第 1 版 . 北京：中国农业出版社 .

陆帼一，1986. 蔬菜栽培生态生理［M］. 杨凌：西北农业大学出版社 .

尚庆文，孔祥波，王玉霞，等，2008. 土壤紧实度对生姜植株衰老的影响［J］. 应用生态学报，19（4）：782-786.

石健，2014. 氮磷钾配施对大葱产量品质形成生理特性的影响

［D］. 泰安：山东农业大学 .

王丹，刘世琦，刘静，等，2018. 适于大蒜田苗期施用的除草剂筛选与评价［J］. 农药，57（4）：309-312.

王光美，徐坤，张玉海，2003. 种块大小对生姜生长及产量的影响［J］. 中国蔬菜（1）：13-15.

徐坤，尚庆文，2007. 生姜生产关键技术问答［M］. 第 1 版 . 北京：中国农业出版社 .

徐坤，郑国生，王秀峰，2001. 环境因素与生姜需光特性关系研究［J］. 生态学报，21（7）：1 091-1 094.

徐坤，郑国生，王秀峰，2001. 施氮量对生姜群体光合特性及产量和品质的影响［J］. 植物营养与肥料学报，7（2）：189-193.

徐坤，邹琦，赵燕，2003. 土壤水分胁迫与遮阴对生姜生长特性的影响［J］. 应用生态学报，14（10）：1 465-1 648.

杨崇良，杨韬，孔素萍，2015. 大蒜优质高产栽培与安全生产［M］. 第 1 版 . 北京：化学工业出版社 .

杨力，张民，万连步，2006. 大葱、圆葱优质高效栽培［M］. 第 1 版 . 济南：山东科学技术出版社 .

张志勉，高海青，梅行，等，2000. 大蒜素对恶性肿瘤患者红细胞免疫功能的影响［J］. 山东医科大学学报，38（3）：267-269.

赵德婉，徐坤，艾希珍，等，2011. 生姜高产栽培［M］. 第 2 版. 北京：金盾出版社 .

中国农业百科全书编辑委员会，1990. 中国农业百科全书 · 蔬菜卷［M］. 北京：农业出版社 .

周长久，王鸣，吴定华，等，1996. 现代蔬菜育种学［M］. 第 1 版 . 北京：科学技术文献出版社 .